河南太行山猕猴国家级自然保护区（博爱段）植物科学考察集

赵 拓 主编

中国林業出版社

图书在版编目（CIP）数据

河南太行山猕猴国家级自然保护区（博爱段）植物科学考察集 / 赵拓主编 . -- 北京 : 中国林业出版社，2024.7. -- ISBN 978-7-5219-2844-0

Ⅰ. Q948.526.1-64

中国国家版本馆 CIP 数据核字第 2024W9R458 号

责任编辑：马吉萍

责任编辑：马吉萍　杜娟

出版发行：中国林业出版社

（100009，北京市刘海胡同 7 号，电话 83223120）

电子邮箱：cfphzbs@163.com

网址：http://www.cfph.net

印刷：河北京平诚乾印刷有限公司

版次：2024 年 7 月第 1 版

印次：2024 年 7 月第 1 次印刷

开本：787mm×1092mm 1/16

印张：16.5

字数：250 千字

定价：158 元

编辑委员会

---

① 1984年10月出生，中共党员，助理工程师，现任国有博爱林场副场长。

② 1989年2月出生，现任国有博爱林场助理工程师。

前 言

河南太行山猕猴国家级自然保护区是1998年经国务院批准成立的野生动物类型自然保护区，为猕猴类群分布的北界。保护区位于河南省西北部，太行山南端，跨新乡、焦作、济源3个地市，西和山西省垣曲县接壤，东至辉县市，南接华北平原，北与山西省晋城相邻，地理坐标为34°54′~35°40′ N，112°02′~113°45′ E，总面积56600 hm^2。自保护区建立以来，在资源管护、科学考察、科研监测、环境教育、生态旅游和经营利用等方面做了大量卓有成效的工作，发现了3种当地未曾记录的物种。1994年6月，中国政府公布的《中国生物多样性保护行动计划》将太行山南端确定为中国生物多样性保护的优先领域，河南太行山猕猴国家级自然保护区被列入优先保护区。

河南太行山猕猴国家级自然保护区（博爱段）是保护区焦作段的一部分。1998年，博爱县机构编制委员会下发文件《关于印发博爱县林业局主要职责内设机构和人员编制规定的通知》，成立河南省太行山国家级自然保护区博爱管理分局，与河南省国有博爱林场合署办公；2023年，博爱县机构编制委员会下发文件《关于县自然资源局所属事业单位重塑性改革有关机构编制事项的批复》，将河南太行山国家级自然保护区博爱管理分局更名为河南太行山国家级自然保护区博爱保护中心，仍与国有博爱林场合署办公。该段位于河南太行山猕猴国家级自然保护区焦作辖区中部偏东，东接中站区，西邻沁阳市。该段由于海拔较低，人口密集，历史上自然环境被破坏较为严重，生物多样性较为单一，定位为保护区试验区。但该段也有地理上的特殊性和优势，其东端为群英河，西端为青天河，造就了特殊的植物分布。

为摸清河南太行山猕猴国家级自然保护区（博爱段）森林资源和植物资源分布情况，在《河南太行山猕猴国家级自然保护区（焦作段）科学考察集》完成的基础上，河南太行山猕猴国家级自然保护区博爱保护中心组织技术人员，在郑州大学、焦作市林业局及河南太行山猕猴国家级自然保护区焦作保护中心的大力支持和帮助下，对河南太行山猕猴国家级自然保护区（博爱段）植物资源进行了全面、深入的调查，经整理、编制，最后完成《河南太行山猕猴国家级自然保护区（博爱段）植物科学考察集》。

本科考集是对河南太行山猕猴国家级自然保护区（博爱段）植物分布情况较为完整的记录，对保护区今后的管理、规划、旅游具有重要的指导意义。特别是本书在最后部分以图片形式展示植物的形态特征，是教学、科研重要的参考资料。

由于水平有限，本书难免存在错误，敬请名位专家及读者多提宝贵意见。

赵拓

2024 年 5 月

目 录

第 1 章

自然地理环境

1.1 地质地貌概况

1.1.1 地理坐标

河南太行山猕猴国家级自然保护区（博爱段）[以下简称“保护区（博爱段）”]位于河南省西北部的博爱县北部，东与焦作市中站区接壤，西与丹河、沁阳市相连，北与山西省晋城市毗邻。地理坐标为35°19′~35°21′N，112°57′~113°12′E。东西长13.2 km，南北平均宽2 km，总面积2650 hm^2。

1.1.2 地质概况

按博爱县域分析，保护区（博爱段）大地构造位置处于华北地台山西台隆南缘太行山拱断束带西部，地层分区属华北地层区山西分区太行小区。

根据《河南省焦作地区含锂黏土矿调查报告》成果，区域上构造形式主要为断层，褶皱不发育；断层以北东向和近东西向为主，多为高角度正断层，并形成一系列地垒、地堑及阶梯状单斜构造；区域内未见岩浆岩出露。

1. 地质构造

本区域构造较为简单，褶皱构造较少见，以断层为主。断层集中分布于区域中部太行山与华北平原接壤地带，根据其走向展布方位可分为近东西向、北东向和北西向3组断层。

（1）近东西向断层

该断层展布于西万北—柏山北一带。主要由一些总体走向近东西的高角度正断层组成，断层破碎带发育，呈东西向断续延伸，断面呈舒缓波状，并常见有擦痕。倾向南或倾向北，倾角一般在50°~80°，落差20~200 m。

（2）北东向断层

该断层展布于柏山北—西村乡北一带。由一系列走向30°~70°方向的高角度断层组成。这些断层一般延伸十几千米，断层带宽1~5 m，断面呈舒缓波状，倾角大于60°，落差一般在30~150 m。该方向断层组成一系列地堑、地垒或阶梯状断块。

（3）北西向断层

该方向的断层在区内零星分布，仅在西村乡北至方庄西北一带见及，规模较小，发育程度相对较低，落差一般十米至数十米，断层带中片理发育。

2. 地层岩性

（1）地层概况

区域出露地层以古生界寒武系、奥陶系、石炭系、二叠系及新生界第四系为主，局部可见中生界三叠系小面积出露。

①古生界

a. 寒武系（∈）

主要呈南北向条带状分布于区域东北部的青龙峡一带，在西南部九渡—青天河一带和大洼庄北部晋焦高速附近亦有大面积出露。岩性主要为中厚－厚层状白云岩、灰岩，局部含燧石条带或鲕粒，下部多为黄绿－紫红色页岩，底部可见砾岩。总厚度大于 532 m。

b. 奥陶系（O）

为一套碳酸盐岩沉积，在区域内广泛分布，主要出露奥陶系中统地层。岩性主要为灰岩、白云岩、泥质灰岩，含角砾或燧石结核。总厚度大于 334 m，与下伏寒武系整合接触。

c. 石炭系（C）

石炭系集中分布于区域中—北部山区，为海陆交替相的含煤沉积，以海相碎屑岩为主，夹数层灰岩。区域内出露太原组和本溪组。岩性主要为灰岩、砂岩、黏土岩；上部太原组含煤数层，下部本溪组为耐火黏土矿和山西式铁矿赋矿层位。总厚度约 100 m，与下伏奥陶系平行，不整合接触。

d. 二叠系（P）

区域内除西部张老湾一带有大面积出露外，在下桥沟、寨豁一带沿低凹沟谷零星分布。以陆相沉积为主，岩性主要为黏土岩、长石石英砂岩、砂质页岩等，局部可见薄煤层。总厚度大于 1188 m，与下伏石炭系整合接触。

②中生界三叠系（T）

仅在沁阳火车站一带小面积出露，岩性主要为灰绿－紫红色泥岩、砂岩互层，夹砾石层。总厚度大于 286 m。

③新生界第四系（Q）

广泛分布于山前平原区，厚度 0 ~ 311 m，以角度不整合于其他各时代地层之上。

（2）含矿地层

博爱县石灰岩分布极广，主要的含矿层位分布在奥陶系中统马家沟组四、五、

六、七段。

奥陶系中统上马家沟组：分为马家沟组中段和上段。

奥陶系中统上马家沟组中段是石灰岩的主要含矿层位。

奥陶系中统上马家沟组四段石灰岩含矿层：西起田坪—回头山一带，矿层厚度 60 ~ 90 m，是博爱县石灰岩主要分布区。石灰岩蕴藏量极为丰富，已勘查的有柿园、回头山、五家台、新庄沟、台道、洼村、交口 7 个矿区，提交资源储量 6.69 亿 t，是水泥用灰岩开发很有前景的地区。

奥陶系中统马家沟组七段石灰岩含矿层：交口—西大掌一带，矿层厚度 34.62 m，其他地区因剥蚀风化，残存零散。已经勘探的是交口水泥灰岩矿区，提交资源储量 4316 万 t。

3. 地震情况

根据国家标准《建筑抗震设计规范》（GB 50011—2010）中的划分，博爱县抗震设防烈度为 7 度，设计基本地震加速度值为 0.10 g。

1.1.3 地貌特征

博爱县属太行山前低山丘陵区，地势由西北向东南倾斜，地貌由剥蚀山地和洪积平原组成，地貌地域性差异十分明显，北部为山地，南部为平原。博爱县地貌特点是边界三面环谷，东北面是大石河谷地，西面和南面是丹河、沁河谷地。县域内海拔 120 ~ 980 m，相对高差约 860 m，最高点位于保护区大塘管护站，海拔 980 m，最低点位于小王庄北，海拔 120 m。河谷地势陡峻，山顶平秃，地形坡度 15° ~ 30°。地表沟谷多呈近东西、南北向展布，县域内河流不发育，均属季节性流水，仅外围西北方向发育丹河，属常年性河流。

保护区（博爱段）位于北部山地，属于太行山组成部分，地貌较复杂，地势起伏也较大，自北向南呈梯级降低，山地受强烈侵蚀，地形破碎，山势陡峻，土薄石厚，多深沟峡谷。

1.2 水文地质

1.2.1 水文地质概况

1. 地表水

博爱县境内河流分属黄河、海河两大水系。主要有丹河与沁河两大过境河流以及大沙河、幸福河、勒马河、运粮河、南横河、北横河、南蒋沟、北蒋沟八大内涝河道。沁河是流经博爱县的最大河流，属于黄河水系，由于受上游引水影响，来水量逐年减少，水源得不到保障。丹河属于黄河二级支流，在博爱县汇入沁河，水源主要来源于青天河水库的三姑泉，水质较好，适合人畜饮用。丹河多年平均径流量为 3.09 亿 m^3。为了保障丹河的水源供给，1972 年在月太铁路桥上游 1 km 处修建了青天河水库，水库控制流域面积 2513 万 km^3，总库容 2070 万 m^3，兴利库容 1726 m^3。大沙河属于季节性河流，洪水来猛去速，一年之中大部分季节无水。

2. 地下水

博爱县浅层地下水具有较好的补给和贮存条件，西面的丹河、南面的沁河和东北的大沙河组成了地下水的补给边界，降水和渠灌对回补地下水也起到了明显的作用。中深层地下水由于受地理环境及新结构运动的影响，使博爱县特别是北部从第四系以来，在山前河口地带形成了典型的冲洪积扇含水体。

3. 水资源供需情况

博爱县水资源总量多年平均量为 2.91 亿 m^3，其中地表水资源量多年平均量为 1.62 亿 m^3，浅层地下水资源量多年平均量为 1.30 亿 m^3，重复量为 2.87 亿 m^3。全县地表水可利用量为 0.78 亿 m^3，浅层地下水可利用量为 1.39 亿 m^3，总计水资源可利用量为 2.17 亿 m^3。据分析计算，全县工农业及生活用水平均年需 2.27 亿 m^3，其中农业生产占 60%，中旱年需 2.65 亿 m^3，其中农业生产占 70%。

1.2.2　水文地质特征

博爱县属低山丘陵区，由于风化剥蚀作用，多形成“V”型和“U”型沟谷，有利用于自然排水；区域上构造发育，以断层为主，主要为北东向展布高角度正断层。区域含水岩组主要为第四系孔隙水、石炭系太原组灰岩、砂岩岩溶裂隙水和奥陶系灰岩、白云岩岩溶裂隙水。第四系残坡积物疏松、孔隙发育，透水性质良好，含有少量的上层滞水；石炭系太原组砂岩、灰岩裂隙及岩溶发育，透水性良好，但具富水性不均一特点；奥陶系灰岩、白云岩裂隙及岩溶发育，透水性良好，是区域的主要含水层。

河南省北部抗旱打井成果资料显示，在寨豁乡茶棚村有施工水井 1 眼，井口标高 412 m，静水位埋深 341 m、动水位埋深 343 m，故该区域裂隙岩溶地下水水位标高在 70 m 左右，裂隙岩溶地下水水位埋深在 300 ~ 500 m。此外，2021 年在博爱月山水库东施工水井 2 眼，一号井井口标高 492.46 m，静水位标高 147.23 m；二号井井口标高 433.05 m，静水位标高 125.25 m。

博爱县地表多为大面积的石炭系及奥陶系石灰岩裸露区，以大气降水、地表河流或水库水通过裂隙及大型断层破碎带接受补给，裂隙岩溶地下水沿山前断层破碎带自西北向东南径流，到焦作市东南部九里山一带以泉、供水井及煤矿开采抽水排泄。

1.2.3　水质评价

1. 地表水水质评价

博爱县域内的地表水以接受大气降水为根本补给来源，其次为以岩溶裂隙和下降泉形式逸出的裂隙溶洞水，按径流持续期长短可分为两个类型：一是季节性河流水源，这部分径流主要是汛期的山洪排泄，水体中除泥沙含量较高，水体较为混浊外，几乎没有遭受过工农业污染；二是常年性河流水源，这部分水源因山高林密，地表径流缓慢且过滤作用充分，故地表水物理性质均表现为无色、无臭、无悬浮物、无胶体的、透明度高的冷水。地表水水质稳定，矿化度 200.6 ~ 474.2 mg/L，平均 319.9 mg/L，pH 值在 7.2 ~ 7.5，为低矿化度弱碱性微硬水，符合国家饮用水水质标准，是很好的饮用水源。

2. 地下水水质评价

博爱县域内地下水与地表水的特性非常接近，为无色、无味、无臭、无悬浮物、无胶体的高透明冷水，矿化度 177.1 ~ 970.6 mg/L，平均 307.4 mg/L，pH 值在 7.1 ~ 7.6，水质为中矿化度弱碱性中硬水，符合国家饮用水水质标准。

1.2.4　水文气候特征

1. 气候特征

保护区属暖温带大陆性季风气候。由于地处亚洲大陆东南部，受大陆和海洋气团的交替影响，冬季盛行西北风，夏季盛行东南风，冬冷夏热，四季分明，光、热、水三大气象要素同步。保护区内层峦叠嶂，沟壑纵横，光、热、水时空差异明显，小气候甚多。整个保护区总的气候特点是：春季回暖迟，夏热天数少，秋季降温早，冬季冷期长，相对湿度大，云雾时日多。现将保护区的气候特征按季节时段分述如下：

春季（3—5 月），气温渐升，大地复苏。至雨水，柳絮飞扬、蟾蜍出洞，平均地温 5.8℃；到惊蛰，杨吐叶、椿发芽、杏开花、蛙蛇出洞，平均地温 8.9℃；至春分，桃李开花，小麦返青，雁去、蝇生、蛙鸣，地温升至 12℃；清明时节雨纷纷，此时梨花开放，棉花、山药、地黄开始栽种，地温升至 15.4℃；谷雨节气，枣树发芽、小麦吐穗、蚊虫生，霜结束，平均地温 18.8℃；春季的最大特点是升温迅速、干旱多风，大气降水和上游来水普遍较少，地下水位常达到一年中的最低值，春旱和倒春寒是影响区内植物生长的主要因子。

夏季（6—8 月），炎热多雨，万物争荣。至立夏，蛐生、燕来，布谷、黄鹂鸣；小满蝉鸣种玉米，芒种收麦晚秋播，夏至西瓜熟，小暑种萝卜，至此进入汛期，保护区内大小河流径流量开始增大；大暑布谷鸟去，立秋早稻熟，一般至处暑节气，夏季结束。夏季是保护区最主要的丰水季节，大气降水充足，平均气温、地温都处于一年中最高的时段。水热同步的气候特征，非常有利于保护区内野生动植物的生长和繁衍。

秋季（9—11 月），云高气爽，林绿粮丰。至白露，收玉米、栽白菜、苹果成熟；秋分耕地备播，寒露雁去蝉息、蚊虫封口、小麦播种。至此汛期结束，初霜出现，平均地温降至 16.4℃；霜降至，蛙不鸣、大雁来，保护区内的河流、水库等湿地生态系统进入一年一度的候鸟集聚期。秋季是庄稼和山地野果的成熟季节，也是草食动物觅食、养膘、长身体的最佳时段。

冬季（12月至翌年 2 月），立冬初雪乍现，动物开始冬眠，小雪偶见冰凌，树叶落尽，秋季结束。寒冷少雪，天干物燥。大雪节气后，气温骤降，天气渐冷，树木落叶，天寒地冻。期间雨雪稀少，平均降水量只有 20 mm 左右。因天寒地冻，食物缺乏，冬季是猕猴等野生动物生活最为艰难的季节。

2. 降水特征

根据相关资料，1991—2000 年，博爱县年平均降水量约为 553.8 mm。一般情况下，山区降水量高于平原地区，山的迎风面多于背风面，保护区降水量呈两大特点：一是年际变化大，年降水量最多时超过 900 mm，年降水量最少时 300 mm 左右。丰年降水量为枯年降水量的 4 ~ 5 倍；二是降水量年内分布极不均匀，根据多年观测数据，大气降水主要集中在 7—9 月，降水量约占全年降水量的 70%。上述大气降水量的时空分布特征奠定了保护区内地表径流量周期性变化的水文基础。

3. 水面蒸发量年内变化和干旱指数

保护区年平均水面蒸发量为 2006.6 mm，6 月水面蒸发量最大，为 325 mm；1 月水面蒸发量最小，为 75.9 mm。水面年蒸发量为降水量的 3.4 倍，各月水面蒸发量均大于降水量。四季水面蒸发量分别为：春季 632.4 mm，夏季 732.4 mm，秋季 387.1 mm，冬季 254.7 mm，多年平均干旱指数为 0.21 ~ 0.29。

1.3 气象概况

保护区（博爱段）地处河南西北的太行山南麓，属暖温带大陆性季风气候，其显著特点是春季干旱风沙多；夏季炎热降水足；秋高气爽日照长；冬季寒冷雨雪少。1991—2000 年，年平均气温 15.3℃，年平均降水量 553.8 mm，年平均日照时数 1889.3 h，年平均光合辐射总量 239.57 kJ/cm^2。初霜期为 10 月下旬，终霜期为 4 月中旬，无霜期约 210 天。冬季寒冷，多偏北风，夏季炎热，多偏南风。

1.3.1 日照

本区域全年平均日照时数 1889.3 h，其中 5 月最多，2 月、3 月、9 月最少，日照百分率也以 5 月最高，为 53%。历年平均日照百分率为 48%。保护区内全年无霜期 210 天左右，年平均雨霜日分别为 80 天（雨日）和 59 天（霜日）。

1. 总辐射

本区域全年太阳总辐射量为 488.77 kJ/cm^2。其中，6 月最多，为 59.73 kJ/cm^2；5 月和 7 月次之，12 月最少，为 25.50 kJ/cm^2。每年太阳辐射量从 3 月开始递增，6 月达到高峰，7 月开始递减。

2. 光合有效辐射

能为绿色植物吸收的辐射光能为光合有效辐射，其波长为 380 ~ 710 nm。保护区全年光合有效辐射总量为 239.57 kJ/cm^2。其中，6 月最高，为 29.26 kJ/cm^2；12 月最低，为 12.50 kJ/cm^2。春季（3—5 月）为 68.26 kJ/cm^2，占全年总量的 28.49%；夏季（6—8 月）为 82.22 kJ/cm^2，占全年总量的 34.32%；秋季（9—11 月）为 50.59 kJ/cm^2，占全年总量的 21.12%；冬季（12 至翌年 2 月）为 38.50 kJ/cm^2，占全年总量的 16.07%。

1.3.2 气温

气温是野生动物最为敏感的气象因子，适宜的气温指标是野生动物觅食、栖息和繁衍后代的必要条件。根据 1991—2000 年的气象资料，保护区（博爱段）年平均气温 15.3℃，年平均气温最高 20.5℃，年平均气温最低 9.9℃；极端最高气温 41.1℃（出现在 1992 年 7 月 2 日）；极端最低气温 –22.4℃（出现在 1990 年 2 月 1 日）。全年大于 0℃的活动积温为 5391.7℃。每年，3—6 月增温明显，9—12 月降温急剧，秋温低于春温，1 月、2 月、7 月、8 月气温变化平稳。保护区内最冷月（1 月）平均气温 –0.1℃，最热月（7 月）平均气温 27.5℃。按季度划分，保护区春季（3—5 月）平均气温 15.5℃，夏季（6—8 月）平均气温 27.0℃，秋季（9—11 月）平均气温 15.2℃，冬季（12 月至翌年 2 月）平均气温 1.8℃。

1.3.3　地温

地温也是野生植物最为敏感的气象因子。地温的高低常常决定着保护区内植物的出土、萌芽、开花、结果等物候变化。根据相关资料，保护区内地面最高平均温度 32.9℃，最低平均温度 8.1℃。地下 5 ~ 3.2 m，最高平均地温为 17.07℃，最低平均地温最低为 16.16℃。地下 3.2 m 以下，地温变化不大。年内地温变化规律大致如下：从 3 月起地温开始上升，直到 8 月，地温浅层升温快，深层升温慢；从 9 月起，由于土壤散热量大于吸热量，地温开始下降，浅层下降快，深层下降慢。各层次的地温温度变化：3—6 月升温快，尤以 4—5 月最为明显，平均升温 6 ~ 7℃；9 月起开始下降，11 月下降最快，平均每月降温 7.2℃，1 月、2 月、7 月、8 月变化平稳。

1.3.4　降水

大气降水是保护区野生动植物赖以生存的主要水源，也是保护区内地下水的主要补给源，降水量的高低常常影响着保护区内的河川径流量。根据相关资料，保护区年平均降水量 553.8 mm，年降水量最多为 929.8 mm（出现在 1996 年），年降水量最少为 295.5 mm（出现在 1997 年）。降水量年内分布极不均匀，7—9 月的降水量约占全年降水量的 70%。按季节划分，春季（3—5 月）降水量 90 ~ 100 mm；夏季（6—8 月）降水量 325 ~ 360 mm；秋季（9—11 月）降水量 150 ~ 160 mm；冬季（12 月至翌年 2 月）降水量 25 mm 以下。一般年份初雪期在 12 月上旬，历年平均初积雪日在 12 月下旬，平均终积雪日在翌年 2 月中旬。冰冻期一般在 12 月至翌年 3 月，是野生动物尤其是猕猴种群能否顺利越冬的关键时段。

1.3.5　自然灾害

保护区内发生较多的自然灾害有干旱、洪涝、雷暴雨、风灾、冰雹、寒潮和干热风等。

1. 干旱

干旱是保护区内最主要的自然灾害之一。出现次数多，危害面积大。常见的有春旱、伏旱和冬旱。其中春旱、伏旱出现次数最多，冬旱次之。春旱多出现在 3 月上旬和 4 月中旬，总降水量小于 30 mm，且连续多年出现，间隔周期短，危害越冬作物的正常发育，影响春播。伏旱一般在7月、8月出现，总降水量小于30 mm，严重影响秋作物生长。干旱严重时，保护区内的水坑、山泉完全枯竭，野生动物的常用饮水水源地大幅度减少，水分不足成为猕猴种群繁衍生息的主要威胁。

2. 洪涝

洪涝包括春涝、初夏涝、夏涝和秋涝等。保护区洪涝以内涝为主，夏涝、秋涝发生次数最多，其中夏涝发生最为频繁，危害严重，平均2年一遇；秋涝阴雨连绵，造成涝灾，影响小麦的适时播种，平均3~4年一遇，是影响保护区内群众正常生产、生活的主要灾害。每年汛期，保护区内易出现崩坍、滑坡、泥石流等地质灾害，对保护区内野生动物的栖息环境造成严重破坏。

3. 雷暴雨

夏秋之交，雷电常见，往往伴随着狂风暴雨，导致山洪暴发，屋田毁坏，每年雷暴雨一般最早发生于2月，最晚发生于10月；全年中7月发生最多，8月次之。曾发生过雷电击死人畜现象。由于保护区内猕猴栖息的悬崖峭壁上多有溶洞和裂隙发育，故雷暴雨对猕猴种群的不利影响相对有限。

4. 风灾

全年年均大于17 m/s的大风日数为6.3天，最多的一年有40个大风日，全年大风日以4—7月最多，9—10月最少。风灾对保护区内的林木生长有一定影响，但影响范围和破坏能力不太大。

5. 冰雹

冰雹是博爱县较严重的自然灾害之一。降雹时常伴随狂风暴雨，时间短，危害大，保护区是河南的冰雹集中区，年均0.5次，一般出现在5—9月，6月最多，占36%以上；5月、7月次之，各占18%。每次降雹时间一般在5~15分钟，雹粒直径1~3 cm居多，最大直径5 cm，重量一般在0.5~2 g，最重的超过60 g。雹灾对保护区内的农作物生产危害较大，但对当地居民和野生动物的生存环境影响有限。

6. 寒潮

秋末开始，由于强冷空气南下，气温急剧下降，形成寒潮。保护区寒潮最早出现在10月下旬，最晚出现在翌年4月上旬，以11月和翌年3月出现次数最多。寒潮过后气温骤降，会影响农作物的返青和正常生长。倒春寒对保护区内野生或栽培果树的当年产量影响极大，会间接影响野生动物，尤其是猕猴种群的食物来源。

7. 干热风

博爱县的干热风因高温低湿并伴随强风而形成，近70%发生于5月底至6月初，时值小麦灌浆、乳熟期。干热风会使小麦青干枯死，影响产量和品质。干热风平均每年 2 次左右，轻重程度不同。好在保护区内海拔较高，森林覆盖率大，干热风对保护区内的野生动植物影响不大。

1.4　土壤概况

1.4.1　土壤类型

土壤作为一个独立的历史自然体，既是保护区内植物生长的基本载体，也是当地居民赖以生存的最基本的农业生产资料。土壤的形成和发育是长期的岩石风化过程和生物富集化过程的结果。根据土壤母质、形成因素、成土过程和土壤自身形态，保护区内土壤被划分为棕壤土、褐土、粗骨土、石质土，共 4 个土类，6 个亚类，6 个土属，7 个土种。详细分类情况见表 1–1。

表 1–1　土壤类型分类系统表

<table>
<tr><th>土类</th><th>亚类</th><th>土属</th><th>土种</th><th>所占比例</th></tr>
<tr><td>棕壤土</td><td>棕壤土</td><td>钙质棕壤土</td><td>薄有机质中层钙质棕壤土</td><td>3%</td></tr>
<tr><td rowspan="4">褐土</td><td>淋溶褐土</td><td>钙质淋溶褐土</td><td>中层钙质淋溶褐土</td><td rowspan="4">40%</td></tr>
<tr><td rowspan="2">石灰性褐土</td><td rowspan="2">洪积石灰性褐土</td><td>壤质洪积石灰性褐土</td></tr>
<tr><td>黏质洪积石灰性褐土</td></tr>
<tr><td>褐土性褐土</td><td>钙质褐土性褐土</td><td>少砾质中层钙质褐土性褐土</td></tr>
<tr><td>粗骨土</td><td>钙质粗骨土</td><td>钙质粗骨土</td><td>多砾质薄层钙质粗骨土</td><td>36%</td></tr>
<tr><td>石质土</td><td>钙质石质土</td><td>钙质石质土</td><td>裸岩山地钙质石质土</td><td>21%</td></tr>
</table>

1.4.2　土壤分布

石质土主要分布于海拔 500 m 左右的保护区西南部，保护区内基岩裸露面积可在 40%以上，土层厚度一般不足 10 cm，多被野皂荚、荆条等灌丛覆盖。土壤表现为表层土壤直接与母岩相接，土体构型为 A–D 型；粗骨土主要分布于保护区海拔 500 ~ 800 m 区域的低山区域，植被覆盖有所改善，土层厚度一般在 10 cm 以上，但多小于 30 cm，薄层 A 层下为较薄的母质层，土体构型为 A–C 型；褐土主要分布于保护区海拔 700 ~ 900 m 的广大区域，土层厚度常超过 30 cm，土体内已经具有微弱发育，剖面中有少量的碳酸钙淀积与较弱的黏化现象，土体构型为 A–（B）–C 型；棕壤土则主要在保护区北部 900 m 以上的阴坡和山顶区域有少量分布，植被覆盖也比低山区好，有些部位山势比较平缓，地表残枝落叶层加厚，为降水的垂直淋溶提供了条件，土体内碳酸钙淋失，无石灰反应，有机质积累大大增加，土壤 pH 值下降，土体构型表现为地表残落物下有明显的腐殖质化层次，下部为黏化层（钙质棕壤土）或母质层（棕壤性土）。

总体上看，保护区内土壤的垂直分布较为明显，海拔从高到低土壤分为：棕壤土—褐土（淋溶褐土—褐土性褐土）—粗骨土—石质土。

第 2 章

植物资源调查

河南太行山猕猴国家级自然保护区（博爱段）位于博爱县北部太行山区，地理坐标介于 35°19′ ~ 35°21′ N、112°57′ ~ 113°12′ E。东与焦作管理分局为邻，西与沁阳管理分局接壤，南临博爱县寨豁乡，北和山西晋城交界。总面积 2650 hm^2，其中 2580 hm^2 属国有林地，由国有博爱林场经营，70 hm^2 为集体林地。该段全部为实验区。

森林资源是林地及其所生长的森林有机体的总称，包括林中和林下植物、野生动物、土壤微生物及其他自然环境因子等资源。植物作为森林资源重要组成部分，是探索和研究保护区生态系统的重要一环，保护区（博爱段）自然环境条件复杂，气候温暖湿润，为多种植物的繁衍生长 提供了良好的场所。植物区系成分以华北成分、华中成分为主，西南、华东成分和西北、东北植物区系成分兼容并存，体现出本区植物区系南北过渡、东西交汇的特征。本次科学考察是在初步认识保护区（博爱段）林分特征和结构的基础上，对其植物资源种类、植被类型、植物利用进行进一步研究。

本次科学考察对今后保护区进行科学保护、研究教学、利用都有重要意义。

2.1　调查方法

本次科学考察采取点、线、面相结合的办法，以点状调查法为主要依据，结合面、线调查，进行了全面详细的野外调查。最终以野外调查第一手资料和数据为主，参考相关文献，摸清保护区（博爱段）植物资源情况。

2.1.1　样方调查法

根据地域、坡度、坡向、立地条件和林分结构，有目的地建立样方调查植物资源情况。

2.1.2　样线调查法

沿保护区（博爱段）内所有主要道路、山间小道记录植物资源和物种分布情况。

2.1.3　全面调查法

将整个保护区（博爱段）划分成若干区域，通过摄影、录像和文字记录方式，调查植被树龄、树高、郁闭度、盖度以及地被物的整体状况。

2.2　调查成果

2.2.1　样方调查

1. 样方布置

共抽取29个样方，样方面积20 m×20 m。记录样方内立地条件和所有物种。下文按实地调查顺序排列。

2. 调查结果

（1）阔叶栓皮栎林

地理坐标：35°03′N，113°01′E，海拔810 m，阳坡，坡度12°，生于废弃梯田，土层厚度大于40 cm。优势树种：栓皮栎。起源：人工，点播。树龄55年，平均树高10 m，胸径18 cm，郁闭度0.85。伴生树种：麻栎、山桃、山杏。林下灌木：牡荆、荆条、黄刺玫、太行铁线莲、黄栌、连翘、酸枣、野皂荚、雀梅藤、多花胡枝子、胡枝子、截叶铁扫帚，灌木盖度20%。草本植物：白莲蒿、委陵菜、白头翁、甘菊，零星分布。地被物：大披针薹草，北京隐子草，盖度15%。

（2）油松林

地理坐标：35°34′N，113°01′E，海拔760 m，半阳坡，坡度15°，土层厚度30 cm，腐殖质厚度10 cm。优势树种：油松。起源：人工，点播。树龄46年，平均树高8 m，胸径18 cm，郁闭度0.8。伴生树种：黄栌。林下灌木：连翘、扁担格、牡荆、荆条、黄刺玫、太行铁线莲、野皂荚、雀梅藤、杠柳，灌木盖度25%。草本植物：华北前胡、桃叶鸦葱、荩草、大籽蒿、狭叶珍珠菜、烟管头草、糙叶败酱、尖叶铁扫帚、委陵菜，零星分布。地被物：大披针薹草，北京隐子草，盖度10%。

（3）杂灌丛林

地理坐标：35°35′N，113°02′E，海拔760 m，阴坡，坡度45°，土层厚度20 cm。优势树种：鹅耳枥、侧柏、山桃、山杏、蒙桑。起源：天然。郁闭度0.35。伴生树种：野茉莉、葱皮忍冬、六道木、锐齿鼠李、臭椿、槲树。林下灌木：黄栌、连翘、雀儿舌头、多花胡枝子、胡枝子、截叶铁扫帚、尖叶铁扫帚、小花扁担杆、牡荆、荆条、黄刺玫、李叶绣线菊、三裂绣线菊、薄皮木、碎米桠、西北栒子、小叶鼠李、卵叶鼠李、蚂蚱腿子、野皂荚、少脉雀梅藤、杠柳、陕西荚蒾、河北木蓝、多花木蓝、钩齿溲疏、碎花溲疏、小花溲疏、太平花、毛萼山梅花、鞘柄菝葜、菝葜、短梗菝葜、钝萼铁线莲、太行铁线莲，灌木盖度65%。草本植物：甘菊、野艾蒿、牛尾蒿、博落回、尖裂假还阳参、条叶岩风、石沙参、北柴胡、异叶败酱、糙叶败酱、韭、蓝雪花、山丹、北黄花菜、费菜、三脉紫菀、早开堇菜、华北前胡、桃叶鸦葱、荩草、大籽蒿、狭叶珍珠菜、烟管头草、鸡屎藤、委陵菜，零星分布。地被物：大披针薹草、矮丛薹草、北京隐子草、旱生卷柏、陕西粉背蕨，盖度70%。

（4）杜仲林

地理坐标：35°35′ N，113°03′ E。海拔820 m，半阳坡，坡度8°，生于废弃梯田，土层厚度40 cm。优势树种：杜仲。起源：人工，植苗。树龄35年，平均树高12 m，胸径15 cm，郁闭度0.8。伴生树种：黄连、栾树、山楂、平基槭。林下灌木：茅莓、扁担格、黄栌、荆条、截叶铁扫帚、苦糖果，灌木盖度15%。草本植物：华北前胡、草木樨、三脉紫菀、烟管头草、野艾蒿，零星分布。地被物：大披针薹草、北京隐子草、荩草，盖度35%。

（5）翅果油树林

地理坐标：35°33′ N，112°99′ E。位于青天河村，青天河水库东岸。海拔390 m，半阳坡，坡度18°，生于废弃梯田和荒坡，土层厚度40 cm。优势树种：翅果油树，树龄从幼龄林到中龄林。伴生树种：梧桐、黄连木、栾树、山桃、山杏、苦楝、毛白杨、柿树、泡桐、臭椿，郁闭度0.75。伴生灌木：荆条、黄栌、连翘、野皂荚、雀儿舌头、碎米桠、三裂绣线菊，碎米桠呈群落分布。草本植物：半夏、蓝雪花、旋蒴苣苔、狭叶珍珠菜、三花莸、大丁草、堇菜类、韭、龙葵、沙参类、蒿类、烟管头草、饭包草，三花莸呈群落分布。林下蕨类：陕西粉背蕨、鳞毛蕨、曼出卷柏、旱生卷柏等蕨类，背阴处岩石上分布苔藓类植物。地被物：大披针叶薹草、狗尾草、求米草、荩草等，盖度20%。

（6）毛白杨林

地理坐标：35°32′ N，113°01′ E。位于青天河村东部山坳内，海拔525 m，半阴坡，坡度12°。优势树种：毛白杨，郁闭度0.6。伴生灌木：荆条、杠柳、野皂荚、鼠李、连翘等。林下草本植物：狗尾草、隐子草、荩草、荻、白莲蒿。地被物：白羊草、狗尾草、求米草、荩草等。

（7）黄栌灌丛

地理坐标：35°35′ N，113°03′ E。海拔805 m，阳坡，坡度14°，土层厚度25 cm。优势树种：黄栌。起源：天然。树龄30年，平均树高5 m。伴生树种：山桃、山杏、山槐、杜梨。郁闭度0.7。伴生灌木：酸枣、牡荆、荆条、连翘、雀儿舌头、多花胡枝子、胡枝子、截叶铁扫帚、尖叶铁扫帚、三裂绣线菊、小花扁担杆、小叶鼠李、卵叶鼠李、野皂荚、少脉雀梅藤、太行铁线莲、三裂蛇葡萄、茅莓，灌木盖度 25%。草本植物：山麦冬、全叶马兰、穿龙薯蓣、远志。地被物：大披针薹草、北京隐子草、荩草，盖度 20%。

（8）野皂荚灌丛

地理坐标：35°35′ N，113°03′ E。海拔 790 m，阳坡，坡度 16°，土层厚度 20 cm。优势树种：野皂荚。起源：天然。树龄 20 年，平均树高 3 m，郁闭度 0.7。伴生树种：山桃、山杏、山槐、杜仲、红柄白鹃梅。伴生灌木：黄栌、连翘、酸枣、小叶白蜡、苦皮藤、牡荆、荆条、连翘、毛樱桃、雀儿舌头、杭子梢、多花胡枝子、胡枝子、截叶铁扫帚、尖叶铁扫帚、三裂绣线菊、小花扁担杆、小叶鼠李、卵叶鼠李、野皂荚、少脉雀梅藤、陕西荚蒾、钝萼铁线莲、太行铁线莲、三裂蛇葡萄、茅莓，灌木盖度 25%。草本植物：柴胡、野菊花、漏芦、多歧沙参、石沙参、山麦冬。地被物：白草、北京隐子草、白羊草，盖度 20%。

（9）针（油松）阔混交林

地理坐标：35°35′ N，113°03′ E。海拔 815 m，半阴坡，坡度 12°，生于废弃梯田，土层厚度 35 cm，优势树种：油松、栓皮栎、红柄白鹃梅。起源：人工。树龄 40 年，平均树高 10 m，郁闭度 0.85。伴生树种：山桃、山杏、君迁子、槲树。伴生灌木：黄栌、牡荆、荆条、雀儿舌头、杭子梢、多花胡枝子、胡枝子、截叶铁扫帚、尖叶铁扫帚、三裂绣线菊、小花扁担杆、小叶鼠李、卵叶鼠李、野皂荚、三裂蛇葡萄，灌木盖度 25%。草本植物：委陵菜、大花野豌豆、狭叶珍珠菜。地被物：大披针叶薹草、白草、北京隐子草、白羊草，盖度 15%。

（10）油松、侧柏混交林

地理坐标：35°35′ N，113°04′ E，海拔 863 m，半阳坡，坡度 13°，土层厚度 25 cm，腐殖质厚度 8 cm。优势树种：油松、侧柏。起源：天然。树龄 40 年，平均树高 12 m，郁闭度 0.85。伴生树种：栓皮栎。伴生灌木：黄栌、牡荆、荆条、连翘、小叶白蜡、雀儿舌头、三裂绣线菊、小叶鼠李、卵叶鼠李、野皂荚、太行铁线莲，灌木盖度 20%。草本植物：石沙参、委陵菜、林生茜草、大花野豌豆、狭叶珍珠菜。地被物：大披针叶薹草，盖度 10%。

（11）白皮松、红柄白鹃梅混生林

地理坐标：35°21′ N，113°02′ E，海拔高度为 925 m，山脊（东西向），坡度 13°，土层厚度 20 cm。优势树种：白皮松、红柄白鹃梅。起源：天然。树龄 40 年，平均树高 6 m，郁闭度 0.5。伴生树种：栓皮栎、槲树、鹅耳枥、六道木。伴生灌木：黄栌、多花胡枝子、陕西荚蒾、黄刺玫、连翘、小叶白蜡、雀儿舌头、三裂绣线菊、小叶鼠李、卵叶鼠李、野皂荚、太行铁线莲，灌木盖度45%。草本植物：白莲蒿、二色棘豆、远志、糙叶败酱、鸦葱、阴性草、地榆、华北前胡。地被物：大披针叶薹草，盖度70%。

（12）鹅耳枥、黄栌杂木林

地理坐标：35°21′N，113°02′E，海拔高度为925 m，山脊（东西向），坡度13°，土层厚度20 cm。优势树种：鹅耳枥、黄栌。起源：天然。树龄50年，平均树高4 m，郁闭度0.5。伴生树种：栓皮栎、白皮松、辽东栎、槲树、六道木。伴生灌木：多花胡枝子、截叶铁扫帚、照山白、荆条、陕西荚蒾、太平花、太行铁线莲，灌木盖度45%。草本植物：小红菊、远志、石沙参、糙叶败酱、狗娃花、山丹丹。地被物：大披针叶薹草，盖度70%。

（13）侧柏林

地理坐标：35°20′N，113°03′E，海拔高度为938 m，坡顶，坡度12°，土层厚度30 cm。优势树种：侧柏。起源：人工。树龄45年，平均树高12 m，胸径15 cm，郁闭度0.85。伴生树种：栓皮栎、槲树、鹅耳枥、流苏。伴生灌木：西北栒子、小叶鼠李、卵叶鼠李、小花扁担杆、黄刺玫、荆条、连翘、雀儿舌头、小叶白蜡、苦糖果、三裂绣线菊，灌木盖度25%。草本植物：小红菊、早开堇菜、细距堇菜、紫花地丁、烟管头草、白莲蒿、全叶马兰、狗娃花、委陵菜、线叶旋覆花。地被物：大披针叶薹草，盖度15%。

（14）全叶马兰群落

地理坐标：35°20′N，113°03′E，海拔高度为937 m，平地，土层厚度30 cm。优势种：全叶马兰。起源：天然。盖度70%。伴生灌木：杠柳、黄刺玫、截叶铁扫帚，灌木盖度3%。伴生草本：一年蓬、狗娃花、白莲蒿、鹅绒藤、老鹳草、朝鲜艾、白羊草、北京隐子草、草原早熟禾、纤毛鹅观草、披碱草，盖度15%。

（15）长苞香蒲群落

地理坐标：35°20′N，113°03′E，海拔高度为956 m，山顶季节性浅水湖泊。优势种：长苞香蒲。起源：天然。盖度70%。伴生灌木：杠柳，灌木盖度3%。伴生草本：扁杆藨草、针蔺、一年蓬、全叶马兰、线叶旋覆花、老鹳草、荔枝草、酸模叶蓼、野亚麻，盖度13%。

（16）油松、刺槐林

地理坐标：35°20′N，113°03′E，海拔高度为887 m，沟底阴坡，坡度21°，土层厚度30 cm。优势树种：油松、刺槐。起源：人工。树龄50年，平均树高15 m，胸径 20 cm，郁闭度：0.9。伴生树种：鹅耳枥、山桃、山杏、槲栎、栓皮栎、槲树、胡桃、君迁子。鹅耳枥呈片状分布。伴生灌木：黄栌、六道木、西北栒子、荆条、小花扁担杆、钝萼铁线莲、太行铁线莲、雀儿舌头、茅莓、三裂绣线菊、黄刺玫、苦糖果、连翘、陕西荚蒾、苦皮藤、照山白，灌木盖度 40%。其中：西北栒子、雀儿舌头、六道木、连翘在林下成片分布。草本植物：小红菊、烟管头草、东亚唐松草、窄叶蓝盆花、地榆、大丁草、漏芦、多歧沙参、石沙参、甘菊、砂狗娃花、三脉紫菀、白莲蒿。地被物：大披针叶薹草、莨草、矛叶荩草、白草、求米草，盖度 25%。

（17）侧柏林

地理坐标：35°20′ N，113°03′ E，海拔高度为 887 m，山脊阳坡，坡度 9°，土层厚度 18 cm，腐殖质厚度 12 cm。优势树种：侧柏。起源：人工。树龄 40 年，平均树高 11 m，胸径 13 cm，郁闭度 0.5。伴生灌木：荆条、黄荆、黄刺玫、三裂绣线菊、陕西荚蒾、茅莓、太行铁线莲、少脉雀梅藤。草本植物：太行菊、委陵菜、林泽兰、荞麦、三脉紫菀、四叶葎、尖裂假还阳参。地被物：北京隐子草、大披针叶薹草，盖度 5%。

（18）侧柏、刺槐、油松林

地理坐标：35°21′6″N，113°02′ E，海拔高度为 887 m，山脊阳坡，坡度 12°，土层厚度 25 cm。优势树种：侧柏、刺槐、油松。起源：人工。树龄 40 年，平均树高 15 m，胸径 15 cm，郁闭度 0.6。伴生树种：黄连、栾树。伴生灌木：荆条、黄荆、黄刺玫、三裂绣线菊、陕西荚蒾、茅莓、太行铁线莲、钝萼铁线莲、少脉雀梅藤。黄栌、荆条、黄刺玫呈片状分布。草本植物：太行菊、阴性草、翻白草、委陵菜。地被物：大披针叶薹草、北京隐子草，盖度 3%。

（19）侧柏、油松疏林地

地理坐标：35°20′ N，113°02′ E，海拔高度为 859 m，山脊阳坡，坡度 6°，土层厚度 20 cm。优势树种：侧柏、油松。起源：人工。树龄 40 年，平均树高 11 m，胸径 15 cm，郁闭度 0.13。伴生灌木：荆条、黄荆、黄刺玫、三裂绣线菊、陕西荚蒾、茅莓、太行铁线莲、钝萼铁线莲、野皂荚、小叶鼠李、卵叶鼠李、少脉雀梅藤，少脉雀梅藤呈片状分布。草本植物：阴性草、韭、翻白草、车前草、野鸢尾、甘菊。地被物：大披针叶薹草、白羊草、北京隐子草，盖度 12%。

（20）黄栌、野皂荚、蓝雪花草灌丛

地理坐标：35°21′ N，113°01′ E，海拔高度为 829 m，山脊阳坡，坡度 13°，土层厚度 15 cm。优势树种：黄栌、野皂荚、蓝雪花。起源：天然。平均树高 3 m。

灌木盖度60%，蓝雪花盖度20%。伴生树种：小叶白蜡。伴生灌木：荆条、黄荆、连翘、三裂绣线菊、陕西荚蒾、小叶鼠李、卵叶鼠李、少脉雀梅藤。草本植物：阴性草、山丹丹。地被物：大披针叶薹草、白羊草，盖度8%。

（21）山桃、山杏林

地理坐标：35°21′ N，113°01′ E，海拔高度为857 m，半阳坡，坡度16°，土层厚度20 cm。优势树种：山桃、山杏。起源：天然。平均树高3 m，盖度30%。伴生树种：侧柏、小叶白蜡。伴生灌木：野皂荚、黄栌、荆条、黄荆、杭子梢、三裂绣线菊、陕西荚蒾、小叶鼠李、卵叶鼠李、少脉雀梅藤、小花扁担杆、黄刺玫、连翘，野皂荚呈片状分布。草本植物：阴性草、山丹丹。地被物：大披针叶薹草、白羊草，盖度10%。

（22）芦苇林

地理坐标：35°20′ N，113°04′ E，海拔高度为825 m，山脊天然泊池。优势种：芦苇，盖度85%。伴生种：齿果酸模、硬质早熟禾、车前、猪毛菜。周边伴生灌木：筋条、胡枝子、卵叶鼠李、杠柳。

（23）侧柏林（幼林）

地理坐标：35°20′ N，113°03′ E，海拔高度为819 m，山脊半阳坡，坡度8°，土质为废弃矿渣。优势种：侧柏。起源：人工。平均树高1 m，郁闭度0.2。伴生种：臭椿。伴生灌木：荆条、杠柳、黄刺玫、连翘、雀儿舌头、黄栌、卵叶鼠李。草本植物：鹅绒藤、野艾蒿、假苇拂子茅、白羊草，硬质早熟禾。地被物：大披针叶薹草，盖度25%。

（24）油松林

地理坐标：35°20′ N，113°04′ E，海拔高度为829 m，山脊半阳坡，坡度8°，土层厚度30 cm，腐殖质厚度12 cm。优势树种：油松。起源：人工，飞机播种。平均树高12 m，郁闭度0.85。伴生树种：侧柏，零星分布。伴生灌木：荆条、杠柳、黄刺玫、雀儿舌头、黄栌、卵叶鼠李、陕西荚蒾、粉团蔷薇。草本植物：野艾蒿、白羊草。地被物：大披针叶薹草，盖度3%。

（25）侧柏、黄刺玫灌丛林

地理坐标：35°20′ N，113°04′ E，海拔高度为830 m，山脊半阴坡，坡度12°，土质为废弃矿渣。优势树种：侧柏、黄刺玫、黄栌。起源：人工，废弃矿坑治理。平均树高5 m，郁闭度0.80。伴生树种：油松、臭椿。伴生灌木：荆条、黄荆、杠柳、连翘、雀儿舌头、卵叶鼠李、杭子梢、多花胡枝子。草本植物：鹅绒藤、野艾蒿、白羊草，硬质早熟禾。地被物：大披针叶薹草，盖度25%。

（26）杂灌丛

地理坐标：35°19′ N，113°04′ E，海拔高度为 813 m，阳坡，坡度 16°，土层厚度 20 cm。优势种：黄栌、野皂荚、荆条，盖度 0.6。伴生树种：臭椿、黄连木、苦楝、君迁子、侧柏、山桃、山杏。伴生灌木：杠柳、连翘、雀儿舌头、茅莓、黄刺玫、三裂绣线菊、少脉雀梅藤、小叶鼠李、卵叶鼠李、杭子梢、多花胡枝子、太行铁线莲、钝萼铁线莲、三裂蛇葡萄、多花木蓝。草本植物：早开堇菜、紫花地丁、委陵菜、鹅绒藤、野艾蒿、白莲蒿、黄花蒿、石沙参、白羊草、山丹、硬质早熟禾。地被物：大披针叶薹草，盖度 25%。

（27）油松林

地理坐标：35°19′ N，113°05′ E，海拔高度为 678 m，阴坡，坡度 30°，土层厚度 40 cm。优势种：油松，胸径 18 cm。起源：人工，飞机播种，郁闭度 0.8。伴生树种：臭椿、黄连木、侧柏、山桃、山杏。伴生灌木：连翘、杠柳、雀儿舌头、茅莓、黄刺玫、三裂绣线菊、少脉雀梅藤、小叶鼠李、卵叶鼠李、杭子梢、多花胡枝子、太行铁线莲、三裂蛇葡萄，连翘为林下、林缘主要灌丛。草本植物：早开堇菜、紫花地丁、委陵菜、鹅绒藤、野艾蒿、白莲蒿、黄花蒿、石沙参、白羊草、山丹。地被物：大披针叶薹草，盖度 25%。

（28）油松林

地理坐标：35°19′ N，113°05′ E，海拔高度为 806 m，阴坡，坡度 12°，土层厚度 40 cm，腐殖质厚度 15 cm。优势种：油松，胸径 20 cm。起源：人工，飞机播种，郁闭度 0.8。伴生树种：侧柏、小叶白蜡。伴生灌木：连翘、杠柳、雀儿舌头、茅莓、黄刺玫、小花扁担杆、三裂绣线菊、少脉雀梅藤、小叶鼠李、杭子梢、多花胡枝子、美丽胡枝子、太行铁线莲，呈零星分布。草本植物：早开堇菜、紫花地丁、委陵菜、华北前胡、鹅绒藤、野艾蒿、白莲蒿、黄花蒿、益母草、石沙参、白羊草、山丹、狗尾草、白羊草。地被物：大披针叶薹草，盖度 25%。

（29）杂灌丛林

地理坐标：35°19′ N，113°05′ E，海拔高度为 783 m，阳坡，坡度 14°，土层厚度 30 cm。优势种：荆条、黄栌，盖度 65%。起源：天然，火烧迹地（5 年）。伴生树种：侧柏、臭椿。伴生灌木：连翘、杠柳、雀儿舌头、茅莓、黄刺玫、小花扁担杆、三裂绣线菊、少脉雀梅藤、小叶鼠李、杭子梢、多花胡枝子、美丽胡枝子、太行铁线莲、钝萼铁线莲。草本植物：早开堇菜、紫花地丁、委陵菜、华北前胡、鹅绒藤、野艾蒿、白莲蒿、黄花蒿、益母草、石沙参、白羊草、山丹、狗尾草、白羊草、虎尾草、荩草、糙叶隐子草。地被物：大披针叶薹草，盖度25%。

2.2.2 样线调查

1. 样线布置

选择保护区（博爱段）内具有代表性的5条主干道、10条山间小道、山脊和山谷作为样线，沿线全面调查。样线布置线路明细见表2–1。

表2–1 样线布置线路明细

序号	名称	类型	长度（m）
1	西区（大塘—靳家岭）旅游专线	主干道	7340
2	西区大唐知青点专线	次干道	2800
3	大练线（省道237）	主干道	1995
4	东区大练线至田院村县道	主干道	3950
5	东区南坡至大登县道	主干道	1250
6	西区青天河东岸林间小路	林间小道	3200
7	西区青天河索道下站点东峡谷	峡谷	2360
8	西区沿索道盘山小道	山间小道	1400
9	西区靳家岭至碗窑河小道	山间小道	3000
10	西区藏豹岭山脊小道	山脊小道	1580
11	西区保护区管理中心西南岭	山脊小道	2650
12	西区保护区管理中心西南山谷	山谷	1500
13	东区省界山脊线	山脊	3650
14	东区县道北沟谷	山谷	1870
15	东区南坡村东山脊	山脊	1460

2. 调查结果

保护区（博爱段）内主要道路两侧为人工侧柏林、飞播油松林群落，部分地方有山桃、山杏、野皂荚、黄栌混交群落，林下灌木主要是连翘、黄栌、野皂荚、陕西荚蒾等；草本植物主要为薹草属植物、狗尾草、荩草等。山间小道两侧除了人工侧柏林、飞播油松林，主要还分布栓皮栎群落、白皮松群落、鹅耳枥群落、黄栌群落、山桃和山杏群落、野皂荚群落、银杏群落、翅果油树群落、栾树群落、胡枝子群落，还有禾本科、堇菜科、伞形科、菊科（紫菀属、旋覆花属、马兰属、狗娃花属、蒿属）等的草本植物。山谷、河道两侧主要由灌木林或乔灌混交林构成，如野皂荚群落，小叶鼠李群落，栾树、野皂荚群落，侧柏、野皂荚群落；沟谷内弃耕地主要有青檀群落、人工林泡桐群落和速生杨群落；草本植物分布情况与其他地区差别不大。

总的来说，主要道路两侧以人工林为主，林相整齐，森林蓄积量高；山间小道物种更加丰富，混交林占据优势；沟谷内海拔较低，灌木林占据优势。

2.2.3　全面调查

1. 样面布置

河南 237 省道将保护区（博爱段）分为东、西两个区。按照坡向、植被情况将东区分为 4 个调查单元、西区分为 8 个调查单元进行综合调查。

2. 调查结果

（1）稀疏灌木林区

位于东区北部，与山西接壤，阳坡，土壤厚度 15 cm 左右。由于立地条件差，目前主要生长野皂荚、小叶鼠李和少量黄栌、黄连木。盖度 30% 左右。

（2）针阔灌混交林区

位于东区中南部和西区中南部，以阳坡为主，立地条件相对较好，土壤厚度一般在 20 cm 以上。灌木占主导地位，以野皂荚、小叶鼠李、黄栌为优势种。乔木以飞播油松林、侧柏、黄连木、臭椿为主；灌木以黄栌、野皂荚、连翘、小叶鼠李为主；草本植物以禾本科、菊科和莎草科薹草属植物为主。

（3）飞播油松林区

位于东区东南部，以山顶和阴坡为主，立地条件好，土壤厚度 25 cm 以上。优势树种：油松，郁闭度在 90% 以上，伴生零星臭椿、黄连木、侧柏等树种。油松郁闭度超过 90%。灌木以连翘、黄栌为主；草本植物以禾本科和莎草科薹草属植物为主。

（4）人工侧柏林区

位于西区东部，紧邻 237 省道，地势相对平缓，以阳坡、半阳坡为主，立地条件较差，土壤厚度 15 ~ 25 cm。优势树种：侧柏，纯林，郁闭度 70% 以上。伴生黄连木、栾树、流苏等乔木。林下灌木以黄栌、小叶鼠李等为主。草本植物以莎草科薹草植物和禾本科植物为主。

（5）人工针阔混交林区

位于西区中部保护区主干道以南，阴坡、阳坡、沟谷并立，立地条件好，优势树种：油松、侧柏、刺槐、杜仲，呈块状混交。林下灌木以连翘、黄栌、野皂荚、铁线莲、杠柳为主。

（6）山桃、山杏、黄栌、野皂荚混交林区

位于西区中部保护区主干道以南，知青点以西。以阳坡为主，立地条件较差，土壤厚度一般在 25 cm 以下。优势树种：山桃、山杏、黄连木。伴生树种：侧柏。林下灌木主要以黄栌、野皂荚、连翘、小叶鼠李为主。草本植物以禾本科、莎草科薹草属、菊科、白花丹科植物为主。

（7）阔叶次生林区

位于西区北部与山西交界处。保护区（博爱段 ）主干道以北。阴坡，坡陡沟深，具众多断崖，平缓处土壤厚度可达 25 cm。优势树种：鹅耳枥、白皮松、槲树。伴生树种：野茉莉、葱皮忍冬、六道木、锐齿鼠李、臭椿等；林下灌木以黄栌、连翘、雀儿舌头、多花胡枝子、胡枝子、截叶铁扫帚、尖叶铁扫帚、小花扁担杆、荆条、黄刺玫、李叶绣线菊、三裂绣线菊、薄皮木、碎米桠、西北栒子、小叶鼠李、蚂蚱腿子、野皂荚、少脉雀梅藤、杠柳、陕西荚蒾、河北木蓝、太平花、毛萼山梅花、鞘柄菝葜、钝萼铁线莲为主。草本植物以菊科、沙参、败酱科、百合科、白花丹科等植物为主。

（8）野皂荚灌丛林区

位于西区南部边界。阳坡，海拔相对较低，岩石裸露，土层较薄。优势种：野皂荚。伴生灌木：黄栌、小叶鼠李、胡枝子等。沟谷内条件较好区域，伴生乔木树种，主要有：毛白杨、黄连木、侧柏、槲树等。草本植物以菊科、禾本科、莎草科薹草属植物为主。

（9）针阔灌混交林区

位于青天河水库东岸，半阳坡，立地条件相对较好，土层厚度 15 ~ 30 cm。山脊以灌木为主，优势种：野皂荚，伴生少量小叶鼠李、黄栌；沟内以乔木树种为主。其中：栓皮栎为纯林，生长在土层较厚的平坦区；其他地区乔木树种以混交方式生长。优势树种：翅果油树、楸树、栾树、泡桐、黄连木。伴生树种：山桃、山杏、苦楝、毛白杨、柿树、泡桐、臭椿。林下灌木以荆条、黄栌、连翘、野皂荚、雀儿舌头，碎米桠、三裂绣线菊为主。草本植物以禾本科、莎草科、菊科植物为主。

2.3　调查结果评价

2.3.1　森林资源综述

保护区（博爱段）森林资源是以人工林为主的森林结构。森林资源主要由油松林、侧柏林、栓皮栎林和杂灌丛以及灌木林地构成。森林蓄积量近 4 万 m^3，森林覆盖率 72.92%。该区域由于海拔较低，人为活动频繁，20 世纪初，植被破坏严重，天然林毁坏殆尽，水土流失严重。20 世纪 60 年代，国有博爱林场成立，首先在保护区西部土层较厚的山坡点播油松、栓皮栎，种植侧柏、刺槐，逐步扩展到在土地瘠薄区栽植侧柏，形成侧柏和次生阔叶树种混交的林分。20 世纪 80 年代开始，利用飞机播种，获得较大成功，保护区（博爱段）东部形成了以阴坡为主的呈块状分布的油松林，林相好，林分结构完整。保护区（博爱段）与山西省交界的西部陡坡区域，大多处于阴坡面，形成了少量次生乔木（如红柄白鹃梅、白皮松、野茉莉、山桃山杏、葱皮忍冬）与灌丛混交的林分，生物多样性较为丰富，生态系统正逐步向好的方向发展。保护区（博爱段）东部区域则是南坡向阳面，立地条件较差，形成了以野皂荚、黄栌为主的灌木林。

2.3.2　森林资源评价

保护区（博爱段）森林资源主要以人工针叶林为主。其特点有三：一是资源总量少，以幼龄林居多；二是森林生态系统较为单一，生物多样性不丰富；三是人工林密度过大，严重影响林下灌木和地被物生长。针对这些问题，应采取有效的引导措施，针对不同地域，分别进行林分的改造、保护和封山育林等措施。

第 3 章

植物资源综述

经野外点、线、面全面调查，参考南太行植物调查相关文献，统计出保护区（博爱段）维管植物有 113 科 379 属 767 种（含变种、亚种、变型）。

植物物种名称以《国际藻类、菌物和植物命名法规（深圳法规）》为准。分类系统：蕨类植物以秦仁昌蕨类植物分类系统为准，裸子植物以郑万钧裸子植物分类系统为准，被子植物的分类主要依据恩格勒系统。保护区（博爱段）各类植物物种数详见表 3–1。

表 3–1　保护区（博爱段）博爱管理分局辖区植物物种统计

分类	科	属	种（含种下等级）
蕨类植物	11	15	33
裸子植物	4	5	9
被子植物	98	359	725
合计	113	379	767

3.1　植物区系特点

保护区（博爱段）植物区系成分以华北成分、华中成分为主，西南、华东成分和西北、东北成分兼容并存，体现出本区域植物区系南北过渡、东西交会的特征。从中国特有种的地理分布情况来看，本区域与华北、华中地区关系最为密切，而后依次为西南、华东、西北和东北地区。

保护区（博爱段）植物区系地理成分多样，区系联系广泛，与世界各大洲的区系都有不同程度的联系。属级水平的统计反映出，热带植物区系成分以泛热带成分为主，温带植物区系成分以北温带成分为主。但在种系水平上，热带植物区系成分以热带亚洲成分为主，温带植物区系成分以温带亚洲成分为主。全温带、全热带的种类不多，而以欧亚大陆上分布的种系占大多数。这种现象表明，本区域与各大陆的热带、温带地区在属的水平上，保持着一定的联系。由于气候的分化，地域的隔离，使同属不同种之间形成了新的种系。因而本区域与其他分布区在种系水平上的联系较少。但在亚洲热带、欧亚大陆温带发生的种系与本区域不存在地域的隔离，加上受地质时期的冰期和间冰期的影响，华夏古陆上的植物群多次南迁北移，途经此地，在本区域保留有较多的热带亚洲成分和欧亚大陆成分。

保护区（博爱段）植物区系有着古老的起源。本区域属华北地台，经华力西运动隆起，形成陆地，植物开始在此繁衍生息。自第三纪以来，本区域受冰川侵蚀和破坏作用甚微。第四纪以后，本区域大的气候环境基本保持了比较湿润、温暖的条件，因而保留了许多第三纪植物区系成分，使本区域植物区系在起源上具有一定的古老性。起源于第三纪的植物区系种类众多，如各种栎类、榆、榉、槭、构等乔木树种，荆条、黄栌、酸枣等灌木。

3.2　植被类型分析

3.2.1　植被分类

依据 1980 年出版的《中国植被》中给出的分类系统，将保护区（博爱段）植物群落分为 6 个植被型组、10 个植被型、64 个群系，具体分类见表 3-3。

表 3-3　河南太行山猕猴自然保护区（博爱段）植物群落分类

序号	植被型组	植被型	群系
1	针叶林	常绿针叶林	4
2	阔叶林	落叶阔叶林	15
3	针阔叶混交林	针阔叶混交林	3
4	灌丛和灌草丛	灌丛	19
5	草甸	根茎禾草草甸	3
		丛生禾草草甸	1
		薹草草甸	1
		杂草草甸	6
6	沼泽植被和水生植被	沼泽植被	3
		水生植被	9

3.2.2　主要植被类型

1. 针叶林

保护区（博爱段）分布的针叶树种有 9 种（含 2 个变种），占整个保护区面积的 30% 左右，分别为：油松、白皮松、侧柏、圆柏（变种：龙柏、塔柏）、南方红豆杉、银杏、雪松。其中：油松、白皮松、侧柏在本保护区为优势种，其群落面积占针叶植物面积的 90% 以上。

2. 阔叶林

阔叶林在保护区（博爱段）分布面积很小，约占 10%，阔叶乔木树种只有在本保护区西段和沟谷内人工栽植的栓皮栎、泡桐、毛白杨、欧美杨、红柄白鹃梅。占较大比例的阔叶杂木灌丛和灌木林，约占 40%，是药用植物、野果资源及观赏资源的主要来源，如野皂荚、荆条、锦鸡儿、连翘、野山楂、黄栌、地黄、太行菊、山梅花类、绣线菊类等。

3.3 资源植物

3.3.1 资源植物统计

保护区（博爱段）位于整个保护区凹形的中间地段，海拔最高处 960 m，向东到新乡，向西到济源，海拔逐步抬升。植物种类相比较其他区域较为单一。具体如下。

用材树种：86 种。

淀粉植物：43 种。

纤维植物：114 种。

野生水果：45 种。

鞣料植物：121 种。

园林绿化观赏植物：264 种。

野菜植物：94 种。

饲料植物：182 种。

芳香植物：61 种。

油脂植物：77 种。

药用植物：472 种。

有毒植物：51 种。

蜜源植物：83 种。

树脂、树胶植物 6 种，橡胶、硬橡胶植物 2 种。

3.3.2　珍稀植物统计

经调查统计，保护区（博爱段）现有国家重点保护野生植物 2 种，即翅果油树、野大豆，属国家二级重点保护野生植物。

保护区（博爱段）主要栽培珍贵树种有 4 种，即杜仲、蒙古栎、银杏、南方红豆杉，隶属 4 科 4 属。

此外，被列为河南省省级重点保护植物的有 6 种，隶属 6 科 6 属。

3.4　植物资源评价

3.4.1　植被型多样性评价

保护区（博爱段）东有沙河，西有青天河，自然条件要素相对完整，植物群落分为 6 个植被型组、10 个植被型、64 个群系，植被型主要有常绿针叶林、针阔叶混交林、落叶阔叶林、灌丛、根茎禾草草甸、丛生禾草草甸、薹草草甸、杂草草甸沼泽植被和水生植被。

植被型的多样性是生态系统完整性的具体表现。本保护区内，人工森林植被保存相对完好，森林生态系统逐步完善。在调节气候、净化大气和水体、涵养水源、防止水土流失、保持和美化自然环境方面起着重要作用。而且，它保藏、庇护、孕育、繁衍着大量动植物和微生物，不仅是一个蕴藏着大量物种资源的“基因库”，还是一个物种遗传的“繁育场”。

3.4.2　物种多样性评价

保护区（博爱段）维管植物共计维管植物 113 科 379 属 767 种（含变种、亚种、变型）。其中：蕨类植物 11 科 15 属 33 种；裸子植物 4 科 5 属 9 种；被子植物 98 科 359 属 725 种。物种多样性在整个保护区中处于较低水平。但该段也是华北、华中与西北植物的镶嵌地带，属温带落叶阔叶林区地带性植被的典型性和向暖温带常绿落叶混交林的过渡，在少有的次生杂灌丛中反映出明显的规律性和典型性。

3.4.3　总体评价

保护区（博爱段）受海拔和人为活动影响，总体立地条件较差，生物多样性较为单一。但有明显区别于其他段植物分布特点的植物：一是红柄白鹃梅，分布广，部分区域集中分布，属优势树种，在保护区内独一无二；二是白皮松，在海拔只有 900 m 左右的山上自然生长大量幼龄白皮松，除沁阳市神农山景区外，其他区域还未发现其分布如此广泛，具有一定的植物分布研究价值；三是翅果油树，该物种一般分布于我国西北部，在保护区（焦作段）博爱管理分局辖区天然分布属首次发现，是整个保护区（焦作段）唯一的分布；四是青檀，在保护区西南部分布有青檀古树群，树龄最大可达千年；五是野茉莉，其分布证明了该段属华北、华中与华南植物的镶嵌地带。

第 4 章

植物资源分析

4.1 植物多样性及植物区系分析

4.1.1 植物多样性分析

通过分类、鉴定、考证本次科学考察的成果和整理多年的调查及研究资料得出，保护区（博爱段）维管植物共计有113科379属767种（含32变种、16亚种和2个变型）。其中蕨类植物11科15属33种（含种下等级），裸子植物4科5属9种（含种下等级），被子植物98科359属725种（含种下等级）。

1. 物种多样性的比较

根据以往文献报道的河南和中国维管植物资料，结合本次调查对保护区（博爱段）域进行比较分析，见表4–1。

表4–1 维管植物多样性比较

范围	蕨类植物			裸子植物			被子植物			总计		
	科	属	种	科	属	种	科	属	种	科	属	种
保护区（博爱段）	11	15	33	4	5	9	98	359	725	113	379	767
保护区（焦作段）※	23	53	116	5	6	10	125	631	1590	153	690	1716
河南#	29	70	205	6	14	28	146	882	2929	181	966	3158
中国	63	228	3000	10	34	193	327	3082	26807	400	3344	30000

注：※焦作维管植物物种数来自《河南太行山猕猴国家级自然保护区（焦作段）科学考察集》。#本数据引自《河南植物志》，维管植物4473种（含种以下单位，含栽培种、入侵种和引种植物）。

由表4–1可发现，保护区（博爱段）维管植物科、属、种的数量与保护区（焦作段）相比，保护区（博爱段）的科、属、种数量分别占保护区（焦作段）植物数量的73.86%、54.93%、44.70%；保护区（博爱段）维管植物科、属、种数量分别占据河南省同类植物数量的62.43%、39.23%和24.29%；与全国的维管植物数量相比，其科、属、种数量分别占全国同类植物数量的28.25%、11.33%和2.56%。由此可见，植物生物多样性处于较低水平。但可喜的是自保护区（博爱段）建立以来，经过20多年的生态保护措施和自然恢复，保护区的物种多样性在逐渐增加。

从科的水平看，本保护区植物分类中科的组成多样性在河南省科级植物的分布比例中居中游，另外本保护区从所包含科的多样性直接反映了各植物类群之间亲缘关系及其在进化中的复杂多样性。在 113 科维管植物中，有在植物进化中处于分化的关键类群，如虎耳草科、蔷薇科植物等；还有高度进化的植物，如菊科、禾本科植物等。

2. 科的多样性

科的多样性反映在科所包含的植物物种多样性和所含属的多样性，保护区（靳家岭段）内含 2 ~ 4 种植物的科较多；另外，含有 1 ~ 2 属植物的科占总科数的比例比较高，也是保护区（博爱段）植物的多样性的主要表现。

按照科内所含植物种数的统计（表 4–2、表 4–3），含有 60 ~ 99 种植物的科有菊科、禾本科，分别为 99 种、72 种；含有 40 ~ 59 种植物的科有豆科、蔷薇科，分别为 52 种和 51 种；含有 20 ~ 39 种植物的科有莎草科、唇形科，分别为 25 种和 24 种；含有 10 ~ 19 种植物的科有蓼科、十字花科、苋科、葡萄科、石竹科、伞形科、天门冬科、毛茛科、大戟科、旋花科、木樨科等 14 科；含有 5 ~ 9 种植物的科有忍冬科、紫草科、榆科、茄科、车前科、卷柏科、堇菜科、锦葵科、壳斗科、夹竹桃科、石蒜科、荨麻科、虎耳草科、壳斗科等 20 科；含有 2 ~ 4 种植物的科有凤尾蕨科、卫矛科、报春花科、柏科、桔梗科、铁角蕨科、松科等 40 科；含有 1 种植物的科有凤仙花科、列当科、安息香科、杜鹃花科、杜仲科、小檗科、木通科等 33 科。含 2 ~ 4 种植物的科最多，占据总科数目的 35.40%；其次为含 1 种的科，占总科数目的 29.20%。

表 4–2　河南太行山猕猴国家级自然保护区（博爱段）维管植物含种数前 10 科统计

序号	科名	含种数目
1	菊科	99
2	禾本科	72
3	豆科	52
4	蔷薇科	51
5	莎草科	25
6	唇形科	24
7	蓼科	19
8	十字花科	18
9	苋科	17
10	葡萄科	16

表 4–3　河南太行山猕猴国家级自然保护区（博爱段）维管植物各科所含种类统计

含种数目	科数	占总科数比例（%）	代表科名
60 ~ 99	2	1.77	菊科、禾本科
40 ~ 59	2	1.77	豆科、蔷薇科
20 ~ 39	2	1.77	莎草科、唇形科
10 ~ 19	14	12.39	蓼科、十字花科、苋科、葡萄科、石竹科、伞形科、天门冬科、毛茛科、大戟科、旋花科、木樨科等
5 ~ 9	20	17.70	忍冬科、紫草科、榆科、茄科、车前科、卷柏科、堇菜科、锦葵科、壳斗科、夹竹桃科、石蒜科、荨麻科、虎耳草科、壳斗科等
2 ~ 4	40	35.40	凤尾蕨科、卫矛科、报春花科、柏科、桔梗科、铁角蕨科、松科等
1	33	29.20	凤仙花科、列当科、安息香科、杜鹃花科、杜仲科、小檗科、木通科等

从科所含有属的数目来看（表 4–4、表 4–5），含有 30 ~ 50 属的有禾本科、菊科 2 科，含有 20 ~ 29 属的有豆科 1 科；含 10 ~ 19 属的有唇形科、蔷薇科、十字花科、伞形科 4 科；含 6 ~ 9 属的有莎草科、毛茛科、苋科、石竹科、蓼科等 6 科；含 5 属的有天门冬科、罂粟科、大戟科、茄科、旋花科 5 科；含 4 属的有葡萄科、荨麻科、鼠李科、榆科、夹竹桃科等 7 科；含 3 属的有虎耳草科、桑科、柳叶菜科、漆树科、忍冬科 5 科；含 2 属的有卫矛科、报春花科、桔梗科、凤尾蕨科等 26 科；含单种属的有胡颓子科、秋海棠科、壳斗科、杜鹃花科等 54 科。

表 4–4　河南太行山猕猴国家级自然保护区（博爱段）维管植物含属数前 10 科统计

序号	科名	含属数量
1	禾本科	41
2	菊科	38
3	豆科	23
4	唇形科	16
5	蔷薇科	15
6	十字花科	14

续表

序号	科名	含属数量
7	伞形科	10
8	莎草科	8
9	石竹科	8
10	苋科	7

表 4–5　河南太行山猕猴国家级自然保护区（博爱段）维管植物主要科含属比例统计

含属数目	科数	占总科数比例（%）	代表科名
30 ~ 50	2	1.82	禾本科、菊科
20 ~ 29	1	0.91	豆科
10 ~ 19	4	3.64	唇形科、蔷薇科、十字花科、伞形科
6 ~ 9	6	5.45	莎草科、毛茛科、苋科、石竹科、蓼科等
5	5	4.55	天门冬科、罂粟科、大戟科、茄科、旋花科
4	7	6.36	葡萄科、荨麻科、鼠李科、榆科、夹竹桃科等
3	5	4.55	虎耳草科、桑科、柳叶菜科、漆树科、忍冬科
2	26	23.64	卫矛科、报春花科、桔梗科、凤尾蕨科等
1	54	49.09	胡颓子科、秋海棠科、壳斗科、杜鹃花科等

从以上对科所含的植物种类和属的数目分析可以看出，从科级的水平来看，保护区（博爱段）维管植物多样性在科级水平最直接的体现是所含有的单种科或寡种科的数目以及含单种属或寡种属的数目较多，且含有的植物种数最多的科和含有属最多的科基本一致，含有植物种数前十的科是菊科、禾本科、豆科、蔷薇科、莎草科、唇形科、蓼科、十字花科、苋科、葡萄科；含有属的数目前十的科是禾本科、菊科、豆科、唇形科、蔷薇科、十字花科、伞形科、莎草科、石竹科、苋科。其中，莎草科、葡萄科和蓼科含有的植物种数虽然很多，但是其属的数目相对较少；而伞形科、石竹科和苋科含有属的数目较多，但其植物种数较少。总体来看，各科含有的属的数目和种的数目是比较一致的。

含植物种数前十的科共有408种，占保护区（博爱段）所有植物种类的53.19%。菊科、禾本科、豆科、蔷薇科在本保护区的地位更为显著，可见草本植物类群占据优势。

从科的水平上来看，含有种和属的数目比较多的科的生态习性来看，都比较倾向于草本类的植物，种数前10科和属数前10科中，仅蔷薇科和葡萄科以木本植物为主，其他的都为草本植物，因此保护区（博爱段）更倾向于温带性质。

3. 属的多样性

从属级水平来看（表4–6），保护区（博爱段）维管植物共有379属，所含植物种数最多的属是菊科的蒿属，有15种；其次是胡枝子属、蓼属、李属，各10种；含有植物6～9种的有20属；含有植物5种的有11属；含有植物种数4种的有12属；含有植物3种的有40属；含有植物2种的有72属；含有植物1种的有220属。

从各属的大小在总属数目所占的比例来看，含有植物10种及以上的属占总属数的1.05%；含植物6～9种的属占总属数的5.28%；含植物5种的属占总属数的2.90%；含植物4种的属占总属数的3.17%；含植物3种的属占总属数的10.55%；含植物2种属占总属数的19.00%；含植物1种的属占总属数的58.05%。

表4–6　河南太行山猕猴国家级自然保护区（博爱段）维管植物属含种比例统计

属所含的物种数	属的数目	占总属数比例（%）	主要代表属
10～15	4	1.05	蒿属、蓼属、胡枝子属、李属
6～9	20	5.28	委陵菜属、苋属、紫菀属、卷柏属等
5	11	2.90	木贼属、败酱属、风毛菊属、藜属等
4	12	3.17	黄精属、黄芪属、铁线莲属、景天属等
3	40	10.55	蓝刺头属、菊属、沙参属、茜草属等
2	72	19.00	半夏属、百合属、荩草属、刚竹属等
1	220	58.05	重楼属、舞鹤草属、䅟属、菅属等

从属级的水平来看，保护区（博爱段）的维管植物属的数量占全国的11.33%，占全河南省的39.23%，在整个保护区内处于较低水平。从种的水平来看，保护区

（博爱段）维管植物的多样性水平也比较一般。

综合分析以上的数据可以看出，保护区（博爱段）维管植物的多样性体现在各分类阶元的多样性上，从科级水平来看，所含有的单种科或寡种科的数目以及含单种属和寡种属的数目较多，且保护区（博爱段）维管植物科的总数目在河南省处于较低水平，与太行山地区植物的所含科的数目相比也同样处于较低的水平；从植物系统的演化上看，一些对于种子植物演化具有重要意义的科在保护区（博爱段）有分布，古老的原始科和处于系统演化中重要的类群也都在本保护区有分布；另外，保护区（博爱段）也是暖温带向温带过渡类型的典型地带之一。以上的这些特征体现了本保护区维管植物生物多样性有一定的丰富度，具有较高的保护价值。

4.1.2　植物区系分析

植物区系的地理成分是根据植物科、属、种的现代地理分布而确定的，植物科、属、种的分布区域，称之为植物分布区。植物分布区是植物种（科、属）的发生历史对环境长期适应的结果，以及许多自然因素对其长期影响所形成的结果。在植物界中，不同的植物类群（科、属、种）的分布区域是各不相同的，从而表现出不同的分布区类型。虽然植物的任何分类单位都有其分布区类型，但是从植物地理学的观点出发，植物的属比科更能具体反映出植物的系统发育、进化分异、演化方向和地理特征。因为在分类学上，同一个属所包含的种常具有同一起源和相似的进化趋势，属的分类学特征相对比较稳定，而且有比较稳定的分布区，同时在其进化过程中，随着地理环境的变化发生变异，进而有比较明显的地区性差异。因此对保护区（博爱段）的植物区系成分分析主要依据植物的属的地理成分。根据本次科学考察的结果和文献资料的记载，结合本保护区维管植物物种的分布特征及各种植物的实际分布区域的特征，对保护区（博爱段）的植物分布区类型分别从属、种两个层面论述其特征，植物的分布区类型主要依据《中国种子植物属的分布区类型》（吴征镒，1991）。

1. 属的地理分布

在植物分类学上，属的形态相对比较稳定，分布范围也比较固定，又能随着地理环境条件的变化而产生分化，因而属比科更能反映植物系统发育过程中的进化情况和地区特征。保护区（博爱段）种子植物共 364 属，属分布类型的统计结果见表 4–7。

世界分布类型共有 54 属，占保护区种子植物总属数的 14.83%。

热带分布类型也比较丰富，共93属，占保护区（博爱段）种子植物总属数的25.55%，其中以泛热带分布的类型及变型最多，共58属，占保护区（博爱段）种子植物总属数的15.93%；此外，热带亚洲和热带美洲间断分布、旧大陆热带分布、热带亚洲－大洋洲分布、热带亚洲－热带非洲分布、热带亚洲分布等5个分布类型相差不大。

温带分布类型在保护区（博爱段）占比最高，共173属，占保护区（博爱段）种子植物总属数的47.53%，是保护区（博爱段）各分布类型中数量最丰富的一类。其中数量最多的是北温带分布类型，共79属；其次是旧大陆温带分布类型，共28属；东亚－北美洲间断分布类型也不少，有23属；而东亚和墨西哥间断分布的属最少，仅为1属。

古地中海分布类型占比较低，仅12属，占保护区（博爱段）种子植物总属数的3.30%，主要是地中海区、西亚至中亚分布的种类。

东亚分布类型相对古地中海分布类型较多，共有25属，占种子植物总属数的6.87%，主要是东亚分布类型，部分延伸到日本和喜马拉雅地区。

中国特有分布类型不是很突出，仅为7属，占据保护区（博爱段）种子植物总属数的1.92%，反映出本保护区的特有植物种类还不是很丰富。

总体上来看，保护区（博爱段）的区系整体上温带成分占优势，并有部分热带或亚热带的成分，反映了保护区（博爱段）暖温带和温带分界线的区系类型特征。

表4–7　保护区（博爱段）种子植物属的分布类型及其变型统计

分布类型和变型		属数	占总属数比例（%）
世界分布	1. 世界分布	54	14.83
热带分布	2. 泛热带分布	58	15.93
	3. 热带亚洲－热带美洲间断分布	5	1.37
	4. 旧大陆热带分布	9	2.47
	4.1 热带亚洲、非洲和大洋洲间断分布	1	0.27
	5. 热带亚洲－热带大洋洲分布	6	1.65
	6. 热带亚洲－热带非洲分布	9	2.47
	7. 热带亚洲分布	5	1.37

续表

分布类型和变型		属数	占总属数比例（%）
温带分布	8. 北温带分布	79	21.70
	8.4 北温带、南温带间断分布	18	4.94
	8.5 欧亚和南美间断分布	3	0.82
	9. 东亚 – 北美洲际间断分布	23	6.32
	9.1 东亚和墨西哥间断分布	1	0.27
	10. 旧大陆温带分布	28	7.69
	10.1 地中海、西亚至中亚分布	7	1.92
	10.3 欧亚和南美洲间断分布	4	1.10
	11. 温带亚洲分布	10	2.74
古地中海分布	12. 地中海区、西亚至中亚分布	7	1.92
	12.2 地中海区至中亚和墨西哥间断分布	1	0.27
	12.3 地中海至温带、热带亚洲、大洋洲和南美洲间断分布	2	0.55
	13. 中亚分布	2	0.55
东亚分布	14. 东亚分布	13	3.57
	14.1 中国 – 喜马拉雅分布	2	0.55
	14.2 中国 – 日本分布	10	2.74
中国特有	15. 中国特有分布	7	1.92

（1）世界分布属

世界分布属是指几乎遍布世界各大洲而没有一个特殊分布中心的属，该类型本保护区有 54 属，这 54 属隶属 20 个科，多数属于世界广布的科，而且大部分科都为草本和水生类植物，仅有蔷薇科、鼠李科和豆科为木本类的科，较大的科为莎草科、菊科，均含有 5 个世界广布的属，本区域世界广布属中种数较多的属有蓼属（10 种）、薹草属（9 种）、堇菜属（7 种）、苋属（7 种）、莎草属（6 种）、悬钩子属（6 种）、鼠李属（6 种）、车前属（6 种）、早熟禾属（5 种）、藜属（5 种）、拉拉藤属（5 种），而木本类植物除了上面提到的悬钩子属外还有鼠李科的鼠李属，但是这些属的种数都不是很丰富。

总体分析来看，保护区（博爱段）的世界分布属以草本类型为主，大部分为世界广布的种类，也有少量的水生种类，如小二仙科的狐尾藻属、金鱼藻科的金鱼藻属、泽泻科的泽泻属等。

（2）热带分布属

热带分布属共93属，占据种子植物总属数的25.55%，该类型在本保护区占据的比例比较高，反映了本区域为暖温带到温带过渡的气候特征。

在热带分布属中，以泛热带分布类型的属为最多，占热带分布属总数的62.37%。热带亚洲－热带美洲间断分布、旧大陆热带分布、热带亚洲－大洋洲分布、热带亚洲－热带非洲分布和热带亚洲分布这5个类型所占比例相差不是很大。

①泛热带分布。指普遍分布于东西两半球的热带的属，在本保护区有该类型58属，占热带分布属总数的62.37%。这58个属隶属于30科，其中含有属最多的科为禾本科，为15属。

②热带亚洲－热带美洲间断分布。指间断分布于美洲和亚洲暖温带地区的热带的属，有5属，为雀梅藤属、月见草属、苦木属、紫茉莉属、藿香蓟属，均为单种属。

③旧大陆热带分布。指分布于亚洲、非洲和大洋洲地区及其邻近岛屿的植物（也常称为古热带分布类型），区别于美洲大陆热带分布类型。本保护区有该类型9属，占热带分布属总数的9.68%。另外该分布类型下有一变型为热带亚洲、非洲和大洋洲间断分布，该变型仅1属，为百蕊草属。在旧大陆热带分布及其变型分布类型中含有种数较多的为天门冬属，有6种。

④热带亚洲－热带大洋洲分布。指旧大陆热带分布类型的东翼，本保护区有该类型6属，分别为雀舌木属、柘属、紫薇属、臭椿属、香椿属、通泉草属，占热带分布属总数的6.45%，分属于6个科。

⑤热带亚洲－热带非洲分布。指旧大陆热带分布区类型的西翼，在本保护区有9属，分属于7个科，分别为禾本科、豆科、荨麻科、葫芦科、桑寄生科、白花丹科、夹竹桃科，占热带分布属总数的9.68%。其中，属于禾本科的为荩草属、芒属、菅属；属于豆科的为大豆属；属于荨麻科的为蝎子草属；属于葫芦科的为黄瓜属；属于桑寄生科的为钝果寄生属；属于白花丹科的为蓝雪花属；属于夹竹桃科的为杠柳属。

⑥热带亚洲分布。指旧大陆热带的中心部分，主要分布位置在亚洲，特别是东南地带。本保护区有该分布类型5属，为葛属、蛇莓属、构属、鸡屎藤属、苦荬菜属，占热带分布属总数的5.38%。

（3）温带分布属

温带分布属共173属，占本保护区种子植物总属数的47.53%，该分布类型所占的比例体现了本保护区植物区系的主要特征，即是以温带成分为主，兼具有亚热带的成分，温带分布属进一步分为以下 4 个类型。

①北温带分布。一般指广泛分布于欧洲、亚洲和北美洲温带地区的属，本保护区北温带分布及其变型分布属有 79 属，占温带分布属总数的 45.35%，构成本保护区温带分布型的主体。这 79 属分属于 37 个科，其中含属数比较多的科有禾本科、菊科、蔷薇科，分别含有 10 属、10 属、9 属。其中含有 10 种及以上的属有 2 属，分别为蒿属 15 种，李属 10 种。北温带分布类型下还有 2 个亚型，分别为北温带、南温带间断分布，欧亚和南美间断分布，即北温带、南温带间断分布变型，欧亚和南美洲间断分布变型。北温带、南温带间断分布变型有 18 属，欧亚和南美洲间断分布变型有 3 属，分别为看麦娘属、火绒草属、猫耳菊属。

②东亚 – 北美间断分布。指间断分布于东亚和北美洲温带及亚洲热带地区的属，本保护区有该分布类型共 23 属，占温带分布属总数的 13.30%，归属于 14 个科。其中该分布类型含属数较多的科是豆科，有 6 属。在所有的属中，含种数最多的是胡枝子属，有 11 种。该分布类型含有一变型，即东亚和墨西哥间断分布变型，含 1 属，即六道木属。

③旧大陆温带分布。指广泛分布于欧洲、亚洲中高纬度的温带和寒温带或最多有个别延伸到亚洲、非洲山地或澳大利亚的属，本保护区有该分布类型共 28 属，占温带分布总属数的 16.20%，归属于 14 科。该分布型含属数比较多的科是菊科，有 6 属。旧大陆温带分布类型下有 2 个变型，分别为地中海、西亚至中亚分布变型，欧亚和南美洲间断分布变型，分别有 7 属和 4 属。地中海、西亚至中亚分布变型所含的属为榉属、连翘属、女贞属、漏芦属、蛇鸦葱属、鸦葱属、窃衣属；欧亚和南美洲间断分布变型所含的属为苜蓿属、莴苣属、蛇床属、前胡属。

④温带亚洲分布。指局限于亚洲温带地区分布的属，有 10 属，占温带分布总属数的 10.75%，分属于 8 个科，该分布类型含属较多的科为豆科，有 3 属。

（4）古地中海分布属

古地中海分布及东亚分布包括 2 个类型及 2 个变型，主要以地中海为核心分布区，进一步延伸至其他的区域，该类型在本保护区分布的种类比较少，共计有 12 属。

①地中海区、西亚至中亚分布。指分布于现代地中海周围，经过西亚或西南亚至苏联中亚和我国新疆、西藏高原及内蒙古一带的属，本保护区该分布类型共有 7 属，分别为山羊草属、亚麻荠属、离子芥属、糖芥属、涩芥属、念珠芥属、茴香属，占整个古地中海分布类型的 58.33%，分属于 3 个科。十字花科含该分布类型

的属的数目最多，十字花科有亚麻荠属、离子芥属、糖芥属、涩荠属、念珠芥属。该分布类型还有另外 2 个变型，一个为地中海区至中亚和墨西哥间断分布变型，仅 1 属，为石头花属；另外一个为地中海至温带、热带亚洲、大洋洲和南美洲间断分布变型，有 2 属，为黄连木属和牻牛儿苗属。

②中亚分布。指只分布于中亚而不见于西亚及地中海周围的属，本保护区共有 2 属，分别为大麻属和诸葛菜属。

（5）东亚分布

东亚分布属是指从东喜马拉雅一直分布到日本的一些属，本保护区该分布类型共有 13 属，此外有 2 个变型，一个为中国 – 喜马拉雅分布变型，有 2 属；另一个为中国 – 日本分布变型，有 10 属，三者共 25 属，占本保护区种子植物总属数的 6.87%。

东亚分布类型的 13 属归属于 10 科，含有该分布类型属数较多的科为菊科，有 3 属。

中国 – 喜马拉雅分布变型有 2 属，分别为侧柏属和秃疮花属。

中国 – 日本分布变型共有 10 属，分别为半夏属、木通属、博落回属、丹麻杆属、鸡眼草属、槐属、枫杨属、桔梗属、苍术属、泡桐属，隶属于 9 个科。

（6）中国特有属

中国特有属是指分布区的类型比较狭窄，基本仅分布于中国的区域，主要以云南或西南地区为中心，向东北、向东或向西北方向辐射并逐渐减少，主要分布于秦岭—山东以南的亚热带或热带地区，个别种类可以越界到国外，如缅甸、朝鲜或中南半岛、苏联远东地区。本保护区中国特有属共 7 属，占保护区种子植物总属数的 1.92%。这 7 属分别为银杏属、地构叶属、青檀属、翼蓼属、杜仲属、盾果草属、太行菊属，隶属 7 个科。

2. 植物区系的联系

河南太行山猕猴自然保护区区系属于华北植物区系，为河南北部植物区系的缩影，并与华中、西南植物区系有较大的联系。从中国特有种的来源上看，有本保护区产生的种类，也有主要是从华中、西南迁移来的成分，形成了保护区东西植物交错、南北植物过渡的特点。

4.2　植被系统分析

根据调查资料汇总，参考以往积累的资料，对本保护区的植被型组、植被、群系型等进行系统分析。

4.2.1　植被分类

根据本次野外调查的样方数据和历年来有关专家和林业部门在保护区（博爱段）所做的调查资料，结合本保护区实际情况，并参照 1980 年出版的《中国植被》中给出的分类系统，采用植被型组、植被型、群系、群丛等单位，将保护区植被划分为 6 个植被型组、9 个植被型、64 个群系，在主要的群系内划分出群丛。保护区（博爱段）植被分类见表 4–8。

表 4–8　保护区（博爱段）植被分类

植被型组	植被型	群系
针叶林	常绿针叶林	1. 油松林
		2. 侧柏林
		3. 白皮松林
		4. 油松 – 侧柏混交林
阔叶林	落叶阔叶林	5. 欧美杨林
		6. 鹅耳枥林
		7. 栓皮栎林
		8. 山桃 – 山杏林
		9. 杜仲林
		10. 青檀林
		11. 柿树林
		12. 红柄白鹃梅林
		13. 翅果油树林
		14. 黄连木林
		15. 银杏林
		16. 毛白杨林
		17. 刺槐林
		18. 泡桐林
		19. 杂木灌丛林
针阔叶混交林	油松混交林	20. 油松阔杂混交林
	侧柏混交林	21. 侧柏 – 黄连木混交林
	白皮松混交林	22. 白皮松 – 红柄白鹃梅混交林

续表

植被型组	植被型	群系
灌丛和灌草丛	灌丛	23. 三裂绣线菊灌丛
		24. 胡枝子灌丛
		25. 黄刺玫灌丛
		26. 蚂蚱腿子灌丛
		27. 野皂荚灌丛
		28. 黄栌灌丛
		29. 杠柳灌丛
		30. 钩齿溲疏灌丛
		31. 陕西荚蒾灌丛
		32. 连翘灌丛
		33. 酸枣灌丛
		34. 少脉雀梅藤灌丛
		35. 卵叶鼠李灌丛
		36. 西北栒子灌丛
		37. 雀儿舌头灌丛
		38. 碎米桠灌丛
		39. 太平花灌丛
		40. 铁线莲灌丛
		41. 荆条灌丛
草甸	典型草甸	**（一）根茎禾草草甸**
		42. 白羊草草甸
		43. 假拂子茅草甸
		44. 隐子草草甸
		（二）丛生禾草草甸
		45. 黄背草草甸
		（三）薹草草甸
		46. 大披针叶薹草草甸
		（四）杂草草甸
		47. 野菊花草甸

续表

植被型组	植被型	群系
草甸	典型草甸	48. 线叶旋覆花草甸
		49. 黄花蒿草甸
		50. 蓝雪花草甸
		51. 三花莸草甸
		52. 全叶马兰草甸
沼泽植被和水生植被	沼泽植被	53. 香蒲沼泽
		54. 芦苇沼泽
		55. 薰草 – 莎草沼泽
	水生植被	**（一）挺水植被**
		56. 莲群落
		（二）浮水水生植被
		57. 浮萍 – 紫萍群落
		58. 荇菜 – 蘋群落
		（三）沉水水生植被
		59. 狐尾藻群落
		60. 黑藻群落
		61. 菹草 – 茨藻群
		62. 竹叶眼子菜群落
		63. 角果藻群落
		64. 金鱼藻群落

4.2.2　主要植被型概述

1. 针叶林

（1）油松林

油松林分人工点播油松林、飞播油松林，保护区东西部（以大练线为分割线）都有分布。从南北向来说，主要分布在保护区中部，呈带状，贯穿东西。保护区西部为人工点播油松林，树龄 40 ~ 45 年，树高 12 ~ 15 m，胸径最大超过 20 cm，郁闭度在 0.8 以上。林下灌木较少，主要以荆条、黄栌、小花扁担杆、野皂荚、黄刺玫为主。腐殖质厚度 10 ~ 20 cm，地被物稀少。保护区东部为飞机播种营造的油松林，树龄 38 年，以阴坡为主，部分高海拔区域（如无影树）阳坡成效也很好，部分为疏林地，树高 12 ~ 15 m，胸径最大可达 20 cm，郁闭度 0.15 ~ 0.9。疏林地林下灌木较为丰富，主要为连翘、杠柳、雀儿舌头、茅莓、黄刺玫、小花扁担杆、三裂绣线菊、小叶鼠李、卵叶鼠李、杭子梢、胡枝子、多花胡枝子、截叶铁扫帚、太行铁线莲、钝萼铁线莲，呈零星分布。地被物以薹草、隐子草为主。这两种林分结构较为单一，但林相整齐，树木长势良好，高度和胸径均匀，郁闭度范围合适。

（2）侧柏林

侧柏林在保护区东部、西部都有分布，人工林，树龄从新造林到幼龄林至中龄林皆有分布，树龄 2 ~ 45年,郁闭度 0.1 ~ 0.8。侧伯林在西部主要分布在山脊、阳坡土层较薄、立地条件差的区域，少量分布在土层较厚区域。生长在山脊、阳坡土层较薄区域的侧柏林长势一般，未能得到树木平均生长的高度和粗度，40 年左右树龄的树木高度平均只有 5 ~ 8 m，胸径 8 ~ 12 cm，郁闭度 0.5 左右，林相较差，但林下灌木较为丰富，主要为黄栌、连翘、荆条、雀儿舌头、茅莓、黄刺玫、小花扁担杆、绣线菊、小叶鼠李、杭子梢、胡枝子、野皂荚为主，盖度在 70% 以上。在土层较厚区域，侧柏林林相较好，树龄 40 年左右的树木高度平均在 12 m 以上，胸径 15 ~ 20 cm，郁闭度 0.8 左右，林下灌木主要为黄栌、连翘；东部侧柏林以新植和幼龄林为主，主要分布在废弃矿坑，郁闭度在 0.2 左右，林下灌木主要为杠柳、黄刺玫，盖度 25% 左右。

（3）白皮松林

白皮松林位于保护区西段北界与山西交界山脊上，是中幼龄天然次生林，树龄 10 ~ 30 年,郁闭度 0.25。伴生树种：鹅耳枥、红柄白鹃梅、槲树、栓皮栎。林下灌木主要为黄栌、多花胡枝子、陕西荚蒾、黄刺玫、连翘、小叶白蜡、雀儿舌头、三裂绣线菊、小叶鼠李、卵叶鼠李、野皂荚、太行铁线莲，灌木盖度 45% 左右。草本植物也较为丰富，主要为白莲蒿、二色棘豆、远志、糙叶败酱、鸦葱、阴性草、地榆、华北前胡。地被物主要为大披针叶薹草，盖度 70% 以上。该区域立地条件较差，但白皮松长势良好，与其他阔叶树种混生，形成了相对稳定的林分结构。

（4）油松 – 侧柏混交林

油松、侧柏混交林保护区东西部都有少量分布，人工林，树龄为中幼龄林，平均树高 6 m，胸径 8 ~ 12 cm。伴生树种：栾树、黄连木、槲树等阔叶树种，郁闭度 0.2。林下灌木和地被物较为丰富，林分结构趋于合理，生态系统逐步完善。林下灌木主要为黄栌、牡荆、荆条、连翘、小叶白蜡、雀儿舌头、三裂绣线菊、小叶鼠李、卵叶鼠李、野皂荚、太行铁线莲。草本植物主要为鳞叶龙胆、夏至草、益母草、錾菜、筋骨草、石防风、华北前胡。

2. 阔叶林

（1）欧美杨林

欧美杨林分布于保护区西段南部碗窑河村西沟谷内，人工林，树龄 15 年，树高 15 m，郁闭度 0.7。伴生树种：欧美杨。伴生树种：黄连木、泡桐、臭椿、苦楝。林下灌木主要为野皂荚、荆条等。草本植物：堇菜类、烟管头草、蒿类、小蓬草、蒲公英、尖裂假怀阳参、苦荬菜等。地被物以荩草、狗尾草、牛筋草等为主。

（2）鹅耳枥林

鹅耳枥林分布于保护区西段北界和南端山顶处，呈小规模块状分布。天然次生林，树高 4 m，半灌木状，郁闭度 0.3。伴生树种：油松、白皮松、槲树、红柄白鹃梅等。伴生灌木：黄栌、连翘、雀儿舌头、多花胡枝子、胡枝子、截叶铁扫帚、尖叶铁扫帚、扁担格、牡荆、荆条、黄刺玫、李叶绣线菊、三裂绣线菊、小花扁担杆、薄皮木、碎米桠、西北栒子、小叶鼠李、卵叶鼠李、蚂蚱腿子、野皂荚、少脉雀梅藤、杠柳、陕西荚蒾、河北木蓝、多花木蓝、钩齿溲疏、碎花溲疏、小花溲疏、太平花、毛萼山梅花、鞘柄菝葜、菝葜、短梗菝葜、钝萼铁线莲、太行铁线莲，灌木盖度 25%。草本植物主要为甘菊、野艾蒿、牛尾蒿、博落回、尖裂假还阳参、条叶岩风、石沙参、北柴胡、异叶败酱、糙叶败酱、韭、蓝雪花、山丹、北黄花菜、费菜、三脉紫菀、早开堇菜、华北前胡、桃叶鸦葱、荩草、大籽蒿、狭叶珍珠菜、烟管头草、糙叶败酱、鸡屎藤、委陵菜。地被物以大披针薹草、矮丛薹草、北京隐子草、白羊草为主，盖度 30%。由于受海拔和立地条件影响，该林分基本呈灌木状。

（3）栓皮栎林

栓皮栎林位于保护区西部临近青天河水库的山脊和水库东岸半阳坡上，该区域坡度平缓，土层深厚，立地条件好。人工点播和天然林，树龄 55 年，纯林，平均树高 10 m，胸径 20 cm，郁闭度 0.85，林相整齐，树木生长良好。林下灌木主要为牡荆、荆条、黄刺玫、太行铁线莲、黄栌、连翘、酸枣、野皂荚、雀梅藤、多花胡枝子、胡枝子、截叶铁扫帚。草本植物主要为白莲蒿、委陵菜、白头翁、甘菊。地被物以大披针薹草、北京隐子草为主。

（4）山桃 – 山杏林

山桃 – 山杏林在保护区东西部都有分布，是早春重要的观花植物。天然次生林，灌木至小乔木状。树龄长短不一，呈疏林状。平均树高 3 m，郁闭度 0.2。伴生树种：油松、侧柏、黄连木、栾树。林下灌木主要为黄栌、连翘、野皂荚、胡枝子、杭子梢、蛇葡萄、山葡萄、绣线菊类、少脉雀梅藤、黄刺玫、木蓝、山梅花等。草本植物主要为甘菊、野艾蒿、牛尾蒿、三脉紫菀、早开堇菜、华北前胡、博落回、尖裂假还阳参、条叶岩风、石沙参、北柴胡、异叶败酱、糙叶败酱、韭、蓝雪花、山丹、北黄花菜、费菜、桃叶鸦葱、荩草、大籽蒿、狭叶珍珠菜、烟管头草、糙叶败酱、鸡屎藤、委陵菜。地被物以大披针薹草、矮丛薹草、北京隐子草、白羊草为主。

（5）杜仲林

杜仲林位于保护区西段知青点，半阳坡，生于废弃梯田，土层厚度40cm。人工林，树龄35年，平均树高12 m，胸径15 cm，郁闭度0.8。伴生树种：黄连、栾树、山楂、平基槭，零星分布。林下灌木主要为茅莓、扁担格、黄栌、荆条、截叶铁扫帚、苦糖果，灌木盖度15%。草本植物主要为华北前胡、草木樨、三脉紫菀、烟管头草、野艾蒿，零星分布。地被物以大披针薹草、北京隐子草、荩草为主，盖度35%。

（6）青檀林

青檀林分布于保护区西南碗窑河村旁沟谷内，由2棵古青檀自然落种形成青檀群落。树龄从幼龄到成熟，不均匀生长在沟谷两旁。

（7）柿树林

柿树林分布于保护区南坡村、青天河村周围梯田旁。树龄在50年左右，平均胸径35 cm，平均高度15 m。耕地周围散生。

（8）红柄白鹃梅林

红柄白鹃梅林分布于保护区西段北部与山西交界东西山脊的狭长区域，天然林，平均树高3 m，郁闭度0.5。伴生树种：白皮松、鹅耳枥、槲树。林下灌木主要为黄栌、多花胡枝子、陕西荚蒾、黄刺玫、连翘、小叶白蜡、雀儿舌头、三裂绣线菊、小叶鼠李、卵叶鼠李、野皂荚，太行铁线莲，灌木盖度45%。草本植物主要为白莲蒿、二色棘豆、远志、糙叶败酱、鸦葱、阴性草、地榆、华北前胡，零星分布。地被物以大披针叶薹草为主，盖度70%。

（9）翅果油树林

翅果油树林位于青天河村，青天河水库东岸。海拔390 m，半阳坡，坡度18°，生于废弃梯田和荒坡，土层厚度40 cm。树高8 m，胸径12 cm，郁闭度0.2。伴生树种：梧桐、黄连木、栾树、山桃、山杏、苦楝、毛白杨、柿树、泡桐、臭椿。林下灌木主要为荆条、黄栌、连翘、野皂荚、雀儿舌头，碎米桠、三裂绣线菊、碎米桠，呈群落分布，灌木盖度35%。草本植物主要为半夏、蓝雪花、旋蒴苣苔、狭叶珍珠菜、三花莸、大丁草、堇菜类、韭、龙葵、沙参类、蒿类、烟管头草、饭包草、陕西粉背蕨、蟒毛蕨、曼出卷柏、旱生卷柏，其中三花莸呈群落分布，草本盖度20%。地被物以大披针叶薹草、狗尾草、求米草、荩草、苔藓类植物为主，盖度15%。

（10）黄连木林

黄连木林在保护区分布广，大多为疏林地，部分在沟谷常呈小群落分布。天然林，树龄5~30年，平均树高10 m，胸径4~25 cm，郁闭度0.15。伴生树种：侧柏、油松、栾树、山桃等。林下灌木主要为野皂荚、黄栌、小叶鼠李、荆条、连翘等，灌木盖度25%。草本植物主要为蓝雪花、旋蒴苣苔、狭叶珍珠菜、三花莸、大丁草、龙葵、沙参类、蒿类、烟管头草，零星分布。地被物以大披针叶薹草、狗尾草、求米草为主，盖度10%。

（11）银杏林

银杏林分布于保护区南端碗窑河村，废弃耕地人工栽培，幼龄纯林，树高6 m，郁闭度0.35，长势良好。草本植物主要为三脉紫菀、烟管头草、野艾蒿，零星分布。

（12）毛白杨林

毛白杨林位于保护区南部青天河村、碗窑河村山坳内，约10处，面积0.1~0.5 hm^2，基本处于阴坡、半阴坡，土层相对较厚。天然次生林，平均高度15 m，胸径10~25 cm，郁闭度0.6~0.8。林下灌木主要为荆条、杠柳、野皂荚、鼠李、连翘等，零星分布。草本植物主要为狗尾草、隐子草、荩草、荻、白莲蒿，零星分布。地被物以白羊草、狗尾草、求米草、荩草等为主，盖度15%。

（13）刺槐林

刺槐林位于保护区西段沟谷废弃荒地上，阴坡，为建场初期人工栽植，树龄在50年以上，平均树高15 m，胸径15~25 cm，郁闭度0.2。由于沟谷内光线不足，造成许多刺槐死亡，逐步被其他树种和灌木取代。伴生树种：油松、槲树、辽东栎、鹅耳枥、侧柏、黄连木、栾树、胡桃、君迁子等逐步挤压刺槐生长空间，整体郁闭度接近1，竞争激烈。林下灌木主要为黄栌、六道木、西北栒子、荆条、小花扁担杆、钝萼铁线莲、太行铁线莲、雀儿舌头、茅莓、三裂绣线菊、黄刺玫、苦糖果、连翘、陕西荚蒾、苦皮藤、照山白。其中，西北栒子、雀儿舌头、六道木、连翘在林下成片分布，盖度20%。草本植物主要为小红菊、烟管头草、东亚唐松草、窄叶蓝盆花、地榆、大丁草、漏芦、多歧沙参、石沙参、甘菊、砂狗娃花、三脉紫菀、白莲蒿，零星分布。地被物以大披针叶薹草、荩草、茅叶荩草、白草、求米草为主，盖度 10%。人工林逐步被天然混交林替代。

（14）泡桐林

泡桐林分布于保护区东西段村庄废弃耕地上，是村庄周围重要的栽培树种。人工纯林，胸径在 20 cm 以上，高度 15 m，郁闭度 0.7。林下灌木主要为荆条、雀儿舌头、鼠李等。草本植物主要为全叶马兰、一年蓬、蒲公英、堇菜类、蒿类等，零星分布。地被物以狗尾草、白羊草、牛筋草等为主，盖度 10%。泡桐在山区长势良好，干性好、生长快。

（15）杂木灌丛林

杂木灌丛林分布于保护区西部与山西交界阴坡和半阴坡区域，该区域山体陡峭，有许多悬崖峭壁，植物生长在峭壁于峭壁之间的山坡上，基本不受人为因素的影响，但由于立地条件差，环境恶劣，基本不生长大的乔木树种。该区域生物多样性较为丰富，且处于次生林发育初期，未来可形成稳定完善的林分结构。经实地勘查，该区域优势树种主要为鹅耳枥，侧柏、山桃、山杏、蒙桑。伴生树种：野茉莉、葱皮忍冬、六道木、锐齿鼠李、臭椿、槲树、苦树、青麸杨，郁闭度 0.35。林下灌木主要为黄栌、连翘、雀儿舌头、多花胡枝子、胡枝子、截叶铁扫帚、尖叶铁扫帚、牡荆、荆条、黄刺玫、李叶绣线菊、三裂绣线菊、小花扁担杆、薄皮木、碎米桠、西北栒子、小叶鼠李、卵叶鼠李、蚂蚱腿子、野皂荚、少脉雀梅藤、杠柳、陕西荚蒾、河北木蓝、多花木蓝、钩齿溲疏、碎花溲疏、小花溲疏、太平花、毛萼山梅花、鞘柄菝葜、菝葜、短梗菝葜、络石、钝萼铁线莲、太行铁线莲，灌木盖度 65%。草本植物主要为甘菊、野艾蒿、牛尾蒿、博落回、尖裂假还阳参、条叶岩风、石沙参、北柴胡、异叶败酱、糙叶败酱、韭、蓝雪花、山丹、北黄花菜、费菜、三脉紫菀、早开堇菜、华北前胡、桃叶鸦葱、荩草、大籽蒿、狭叶珍珠菜、烟管头草、糙叶败酱、鸡屎藤、委陵菜，零星分布。地被物以大披针薹草、矮丛薹草、北京隐子草、旱生卷柏、陕西粉背蕨为主，盖度 70%。

3. 针阔混交林

（1）油松阔杂混交林

油松阔杂混交林位于保护区西部中段，半阴坡，生于废弃梯田，土层厚度 35 cm。人工林，油松、栓皮栎混生，树龄 40 年，平均树高 10 m，胸径 12 ~ 16 cm，郁闭度 0.45。伴生树种：红柄白鹃梅、山桃、山杏、君迁子、槲树等阔叶植物。其他伴生阔叶树种为次生林。伴生灌木主要为黄栌、牡荆、荆条、雀儿舌头、杭子梢、多花胡枝子、胡枝子、截叶铁扫帚、尖叶铁扫帚、三裂绣线菊、小花扁担杆、小叶鼠李、卵叶鼠李、野皂荚、三裂蛇葡萄，灌木盖度 5%。草本植物主要为京隐子草、白羊草为主，盖度 15%。

（2）侧柏 – 黄连木混交林

侧柏 – 黄连木混交林分布于保护区西段南侧及青天河水库西侧向阳陡坡下侧。天然次生林，树龄 10 ~ 20 年，平均树高 8 m，胸径 6 ~ 15 cm，郁闭度 0.2 ~ 0.3。伴生树种：臭椿、流苏、栾树。林下灌木主要为黄栌、连翘、野皂荚、荆条、小叶白蜡、鼠李、少脉雀梅藤、木蓝、太行铁线莲等，盖度 25%。草本植物主要为蓝雪花、早开堇菜、西山堇菜、异叶败酱、糙叶败酱、烟管头草、小蓬草、博落回、条叶岩风、三脉紫菀、全叶马兰等，零星分布。地被物以白羊草、荩草、大披针叶薹草为主，盖度 10%。

（3）白皮松 – 红柄白鹃梅混交林

白皮松 – 红柄白鹃梅混生林位于保护区西部与山西交界东西向山脊上，该区域立地条件一般，土层厚度 20 cm。天然林，树龄 10 ~ 20 年，平均树高 6 m，胸径 6 cm，郁闭度 0.2，长势良好，呈不规律分布。伴生树种：栓皮栎、槲树、鹅耳枥、六道木等树种。林下灌木主要为黄栌、多花胡枝子、陕西荚蒾、黄刺玫、连翘、小叶白蜡、雀儿舌头、三裂绣线菊、小叶鼠李、卵叶鼠李、野皂荚、太行铁线莲，灌木盖度在 45% 左右。草本植物也较为丰富，主要为：白莲蒿、二色棘豆、远志、糙叶败酱、鸦葱、阴性草、地榆、华北前胡等，零星分布。地被物以大披针叶薹草为主，盖度超过 70%，逐步形成针阔混交、林分结构合理的森林系统。

4. 灌丛

灌丛在保护区东西段都有分布。每个区域由于立地条件和环境差异，灌丛林呈现不同特点。保护区东段北部区域与山西省交界带的灌木林，位于向阳南坡，岩石裸露多，土层薄，立地条件差，灌木种类单一，主要灌木为野皂荚、荆条和鼠李科植物，伴生有少量人工栽植的侧柏树和自然落种的臭椿、黄连木，灌木盖度为 40% ~ 60%；保护区西段中部、南部向阳坡和东段中部的灌木林，由于立地条件较好，灌木丰富度和结构明显优于东段北部区域。

根据优势灌木种类的不同，可分为以下 19 种类型。

（1）三裂绣线菊灌丛

三裂绣线菊灌丛分布于保护区西段北界，海拔 800 m 以上，常与其他灌木混生，以小群落状分布，有时分布于油松林林缘，灌木盖度 60%。伴生灌木主要为黄栌、连翘、雀儿舌头、六道木、多花胡枝子、胡枝子、截叶铁扫帚、尖叶铁扫帚、牡荆、荆条、黄刺玫、李叶绣线菊、三裂绣线菊、小花扁担杆、薄皮木、碎米桠、西北栒子、小叶鼠李、卵叶鼠李、蚂蚱腿子等。草本植物主要为紫菀、糙叶败酱、烟管头草、条叶岩风等，零星分布。地被物以糙隐子草、北京隐子草、矮丛薹草等为主，盖度15%。

（2）胡枝子灌丛

胡枝子灌丛保护区各地都有分布，主要位于保护区西段北界与山西交界的阴坡、半阴坡的杂灌丛中，盖度60%。伴生灌木主要为美丽胡枝子、多花胡枝子、截叶铁扫帚、杭子梢、蚂蚱腿子、黄栌、连翘、拉拉藤、四叶葎、茜草、鼠李等。草本植物主要为蓝雪花、糙叶败酱、异叶败酱等，盖度20%。地被物以大披针薹草、朝阳隐子草、荩草等为主，零星分布。

（3）黄刺玫灌丛

黄刺玫灌丛分布于保护区各处山脊、阳坡，盖度30%。灌丛中零星分布侧柏、油松、臭椿等乔木树种。伴生灌木主要为荆条、黄荆、杠柳、连翘、雀儿舌头、卵叶鼠李、杭子梢、多花胡枝子。草本植物主要为鹅绒藤、野艾蒿、盾果草、附地菜，零星分布。地被物以大披针叶薹草、白羊草，硬质早熟禾为主，盖度15%。

（4）蚂蚱腿子灌丛

蚂蚱腿子灌丛分布于保护区西段北界与山西交界的阴坡、半阴坡的杂灌丛中，生于岩石和陡坡边，盖度30%。伴生灌木主要为碎米桠、黄栌、连翘、小叶白蜡、小叶鼠李、三裂绣线菊、小花扁担杆、茅莓等。草本植物主要为多歧沙参、石沙参、柴胡、蓝雪花、糙叶败酱、条叶岩风、漏芦、麻花头等，零星分布。地被物主要为以大披针薹草、狗尾草、北京隐子草等为主，盖度5%。

（5）野皂荚灌丛

野皂荚灌丛在保护区分布面积较大。主要分布在立地条件差，土层薄，厚度低于20 cm和岩石裸露区。灌木平均高度3 m，盖度35%。因地理坐标不同，常有不同的伴生树种，主要为山桃、山杏、山槐、杜仲、红柄白鹃梅。同时，伴生灌木呈现多样性，主要为黄栌、连翘、酸枣、小叶白蜡、苦皮藤、牡荆、荆条、连翘、毛樱桃、雀儿舌头、杭子梢、多花胡枝子、胡枝子、截叶铁扫帚、尖叶铁扫帚、三裂绣线菊、小花扁担杆、小叶鼠李、卵叶鼠李、野皂荚、少脉雀梅藤、陕西荚蒾、钝萼铁线莲、太行铁线莲、三裂蛇葡萄、茅莓、腺花茅莓，零星分布。草本植物主要为柴胡、野菊花、漏芦、牡蒿、野艾蒿、黄花蒿、茵陈蒿、多歧沙参、石沙参、山麦冬、黄背草。地被物以白草，北京隐子草、白羊草为主，盖度10%。

（6）黄栌灌丛

黄栌灌丛保护区多种立地条件、阴阳坡和山脊沟谷各处均有分布，是保护区优势灌木种，也是秋季赏红叶的主要灌丛，灌木平均高 3 m，盖度 30%～80%。灌丛中常零星伴生油松、黄连木、山桃山杏、侧柏等乔木。伴生灌木主要为野皂荚、小叶白蜡、荆条、黄荆、连翘、三裂绣线菊、陕西荚蒾、小叶鼠李、卵叶鼠李、少脉雀梅藤。草本植物主要为蓝雪花、阴性草、山丹、丝毛飞廉、地构叶等，零星分布。地被物以大披针叶薹草、白羊草，盖度 8%。

（7）杠柳灌丛

杠柳灌丛分布于立地条件较好的林缘、林中空地和路旁，高 1.5～2 m，盖度 50%。伴生灌木主要为荆条、雀儿舌头、陕西荚蒾、酸枣、三裂绣线菊等。草本主要为蒿类、全叶马兰、一年蓬、野菊花、漏芦、乌蔹莓等，零星分布。地被物以大披针叶薹草、白羊草、狗尾草、马唐等为主，零星分布。

（8）钩齿溲疏灌丛

钩齿溲疏灌丛分布于保护区西段立地条件较好的阴坡处，在油松林、侧柏林林缘、废弃梯田田埂旁，呈条状和块状分布，高 0.8～1.5 m，盖度 40%。伴生灌木主要为雀儿舌头、陕西荚蒾、少脉雀梅藤、苦糖果、茅莓、苦皮藤、小叶鼠李等。草本植物主要为蒲公英、委陵菜、黄堇、糙叶败酱、麻花头、紫花地丁、早开堇菜、大丁草等，零星分布。地被物以硬质早熟禾、白草、狗尾草、荩草为主，盖度 5%。

（9）陕西荚蒾灌丛

陕西荚蒾灌丛保护区东西段阴、阳坡都有分布，西段分布居多。主要生于油松林、侧柏林林缘、路旁和林中空地，高 1.5 m，盖度 40%。伴生灌木主要为黄栌、野皂荚、胡枝子、雀儿舌头、三裂绣线菊、多花木蓝等。草本植物主要为多歧沙参、石沙参、狭叶珍珠菜、狼尾花、早开堇菜、小酸浆、鳞叶龙胆、茜草、车前、夏至草、绢毛匍匐委陵菜等。地被物以荩草、北京隐子草、狗尾草、白羊草为主，盖度 5%。

（10）连翘灌丛

连翘灌丛分布于保护区各处，主要为阴坡油松、侧柏林中空地、林缘路旁，高 2～3 m，盖度 20%～40%，是春季重要的观花植物，也是重要的清热解毒药材。伴生灌木主要为黄栌、野皂荚、小叶白蜡、小花扁担杆、陕西荚蒾、茅莓、胡枝子、杭子梢、野莴苣、太行铁线莲等。草本植物主要为华北前胡、桃叶鸦葱、荩草、大籽蒿、狭叶珍珠菜、烟管头草、蛇莓、糙叶败酱、委陵菜，泥胡菜。地被物以大披针薹草、北京隐子草为主，盖度 10%。作为重要的经济植物，保护区应加大对连翘的培育和保护，扩大群落规模。

（11）酸枣灌丛

酸枣灌丛主要分布于保护区低海拔林间道路、林缘、林中空地、村旁废弃耕地中，高 1 ~ 2.5 m，盖度 20% ~ 30%，一般呈带状分布。伴生灌木主要为荆条、杠柳、小叶鼠李、枸杞等。草本植物主要为蒲公英、窃衣、盾果草、鬼针草、苦苣菜、拉拉藤、四叶葎、茜草等、茵陈蒿、牡蒿、野菊花、小蓬草、香丝草，零星分布。地被物以狗尾草、白草、马唐为主，盖度 6%。

（12）少脉雀梅藤灌丛

少脉雀梅藤灌丛整个保护区广泛分布，与黄栌、野皂荚、连翘同为保护区优势灌丛，灌生于林缘、林间道路、林中空地及林下，高 3 m，盖度 30%。常伴生零星乔木，主要为臭椿、黄连木，盖度 30% ~ 60%。伴生灌木主要为小叶鼠李、卵叶鼠李、黄栌、六道木、连翘、野皂荚、陕西荚蒾、碎花溲疏等。草本植物主要为麻花头、漏芦、烟管头草、飞廉、三脉紫菀、阿尔泰狗娃花、五月艾、野艾蒿、牡蒿、烟管头草、乌苏里风毛菊、泥胡菜、火绺草、小花鬼针草等，零星分布。地被物以虎尾草、矮生薹草、大披针薹草为主，盖度 10%。

（13）卵叶鼠李灌丛

卵叶鼠李灌丛分布于保护区山脊、阳坡、半阳坡中，生于林间道路、林缘、林中空地，常生于油松林、侧柏林旁，高 1 ~ 2 m，盖度 40%。伴生灌木主要为少脉雀梅藤、黄栌、野皂荚、六道木、河北木蓝、截叶铁扫帚等。草本植物主要为黄花蒿、泽漆、糙叶黄芪、早开堇菜、天名精、三脉紫菀、蓝雪花、大野豌豆、歪头菜、麻花头、泥胡菜、野莴苣等，零星分布。地被物以白羊草、大披针薹草、荩草等为主，盖度 8%。

（14）西北栒子灌丛

西北栒子灌丛分布于保护区北部与山西交界阴坡和藏豹岭两侧沟底、阴坡，高 3 m，盖度 30%。伴生灌木主要为苦糖果、短梗菝葜、鞘柄菝葜、苦皮藤、南蛇藤、苦皮藤、红花锦鸡儿、李叶绣线菊等。草本植物主要为歪头菜、北京堇菜、蛇床、防风、窃衣、紫花地丁、老鹳草、鼠掌老鹳草、穿龙薯蓣、点地梅等，零星分布。地被物以荩草、大披针薹草、北京隐子草为主，盖度 10%。

（15）雀儿舌头灌丛

雀儿舌头灌丛广泛分布于保护区各地林缘、林间道路、和林下。生于阴坡、半阴坡油松林旁，灌高 0.8 m，盖度 70%。伴生灌木主要为连翘、黄栌、小花扁担杆、陕西荚蒾、荆条、杠柳、太平花、小花溲疏等。草本植物主要为桃叶鸦葱、薤白、野韭、远志、龙芽草、烟管头草、天名精、无心菜等，零星分布。地被物以大披针薹草、苠草为主，盖度 5%。

（16）碎米桠灌丛

碎米桠灌丛分布于保护区西段青天河水库东岸。生于黄连木、翅果油树、栾树、毛白杨、山桃、山杏林下、林缘和林中空地，呈小规模块状分布，高 0.3 m，盖度 70%。伴生灌木主要为野皂荚、黄栌、三裂绣线菊、雀儿舌头等。草本植物主要为圆叶锦葵、黄鹌菜、长裂苦苣菜、天门冬、半夏、烟管头草、早开堇菜、紫花地丁、裂叶荆芥、蓝雪花、旋蒴苣苔、狭叶珍珠菜、三花莸、大丁草、韭、龙葵、沙参类、蒿类、饭包草等。地被物以大披针薹草、狗尾草为主，零星分布。

（17）太平花灌丛

太平花灌丛分布于保护区西段中部阴坡、半阴坡，生于油松林、侧柏林和林间小道旁，高 3 m，盖度 50%。伴生灌木主要为黄栌、连翘、野皂荚、雀儿舌头、陕西荚蒾、扁担格、牡荆、荆条、黄刺玫、太行铁线莲、野皂荚、雀梅藤、杠柳等。草本植物主要为野鸢尾、紫花地丁、早开堇菜、鳞叶龙胆、烟管头草等。地被物以苠草、大披针薹草为主，盖度 12%。

（18）铁线莲灌丛

铁线莲灌丛分布于保护区各地，主要由钝萼铁线莲、太行铁线莲组成的群落，主要依附油松、侧柏、黄连木生长，高达 6 m，盖度 40%。伴生灌木主要为黄栌、荆条、连翘、苦糖果、薄皮木、小叶鼠李、少脉雀梅藤等。草本植物主要为旋覆花、线叶旋覆花、阴性草、蓝雪花、桃叶鸦葱、远志、龙芽草、烟管头草等，零星分布。地被物以白羊草、大披针薹草为主，零星分布。

（19）荆条灌丛

荆条灌丛保护区分布最广的灌木之一。分布在保护区南部低海拔阳坡、半阳坡区域。生于废弃梯田、荒地、林缘、林间道路旁，主要由黄荆、变种牡荆、荆条组成。灌高 1 ~ 3 m，盖度 20%。伴生灌木主要为野皂荚、连翘、少脉雀梅藤、小叶鼠李、胡枝子、铁截叶铁扫帚、多花胡枝子等。伴生草本：齿果酸模、车前草等，零星分布。地被物以白羊草、小画眉草、虱子草、金色狗尾草、狗尾草为主，盖度 25%。

5. 草甸

（1）白羊草草甸

白羊草草甸分布于保护区低海拔区域林下、林缘、河滩及溪边，群落盖度 25%。伴生草本主要为狗尾草、牛筋草、马唐、一年蓬、旋覆花、牡蒿。

（2）假拂子茅草甸

假拂子茅草甸分布于保护区东段林缘、路旁，群落盖度40%。伴生草本主要为白羊草、狗尾草、早熟禾。

（3）隐子草草甸

隐子草草甸主要分布于保护区西段林间空地、林下、林缘、路旁，群落盖度30%。伴生草本主要为大披针叶薹草、荩草、狼尾草、翻白草、鬼针草、截叶铁扫帚、白羊草、大油芒、少花米口袋。

（4）黄背草草甸

黄背草草甸分布于保护区低海拔丘陵地段，群落盖度20%。伴生草本主要为白羊草、狗尾草、野古草、鬼针草、铁扫帚、紫花地丁、北京隐子草。

（5）大披针叶薹草草甸

大披针叶薹草草甸主要分布于保护区海拔700～950 m的林下、林缘，群落盖度30%～80%，伴生草本主要为白羊草、旋覆花、沙参、翻白草、白头翁。

（6）野菊花草甸

野菊花草甸广泛分布于整个保护区路旁、林缘和荒坡上，群落盖度40%。伴生草本主要为野艾蒿、草木樨、全叶马兰。

（7）线叶旋覆花草甸

线叶旋覆花草甸分布于保护区西段藏豹岭林缘，群落盖度90%。伴生草本主要为旋覆花、龙芽草、柴胡、沙参、桔梗、朝阳隐子草、蓝雪花。

（8）黄花蒿草甸

黄花蒿草甸广布于保护区林缘、林中空地和建筑周围，群落盖度60%。伴生草本主要为野艾蒿、刺儿菜、藜、鸡眼草。黄花蒿含有香精，是一种天然香料资源。

（9）蓝雪花草甸

蓝雪花草甸分布于保护区西段林下、林缘、路旁、山崖。群落盖度20%～70%，伴生草本主要为南牡蒿、狗尾草、大披针薹草、车前。

（10）三花莸草甸

三花莸草甸主要分布于保护区西段青天河东岸山坡上，群落盖度为90%。伴生草本主要为野菊、隐子草、堇菜、烟管头草、旋蒴苣苔。

（11）全叶马兰草甸

全叶马兰草甸位于保护区管理中心西南，群落盖度70%。伴生草本主要为一年蓬、狗娃花、白莲蒿、鹅绒藤、老鹳草、朝鲜艾、白羊草、北京隐子草、草原早熟禾、纤毛鹅观草、披碱草。

6. 沼泽植被和水生植被

（1）香蒲沼泽

香蒲沼泽分布于池塘、水边、河滩等处。建群种由无苞香蒲、长苞香蒲等多种香蒲属植物组成，群落盖度 80%。伴生草本主要为扁秆藨草、针蔺、一年蓬、全叶马兰、线叶旋覆花、老鹳草、荔枝草、酸模叶蓼、野亚麻。香蒲是编织和造纸的植物资源。

（2）芦苇沼泽

芦苇沼泽分布于水库上游沼泽、洼地及河岸滩地，群落盖度 90%。伴生植物主要为少量藨草、香蒲、鳢肠、春蓼、长鬃蓼。芦苇是编织和造纸的植物资源。

（3）藨草 – 莎草沼泽

藨草 – 莎草沼泽分布于水库河道、浅水河滩及低洼地，群落盖度 70%。伴生植物主要为飘拂草、针蔺、水蓼、水蜈蚣、喜旱莲子草。藨草、莎草可作造纸原料。

（4）莲群落

莲群落栽培于保护区池塘和水库上游河道中，群落盖度 70%。伴生植物主要为浮萍、满江红、菹草、狐尾藻。莲为蔬菜及药用资源。

（5）浮萍 – 紫萍群落

浮萍 – 紫萍群落分布于保护区池塘和水库上游河道、库岸水流平缓水域，群落盖度几乎达 100%。无伴生植物。浮萍、紫萍为鸭、鹅的优良饲料。

（6）荇菜 – 蘋群落

荇菜 – 蘋群落分布于水库、河流及静水中，群落盖度 70%。伴生植物主要为狐尾藻、金鱼藻、水鳖、野菱、莼菜。

（7）狐尾藻群落

狐尾藻群落分布于保护区池塘和水库上游溪沟内，群落盖度 50%。伴生植物主要为黑藻、苦草、金鱼藻。狐尾藻为绿肥资源。

（8）黑藻群落

黑藻群落分布于保护区池塘和水库上游溪沟内，群落盖度 50%。偶伴生狐尾藻。黑藻为绿肥和饲料资源。

（9）菹草 – 茨藻群落

菹草 – 茨藻群落分布于保护区池塘和水库上游溪沟内，群落盖度 95%。伴生植物主要为眼子菜属的多种植物。菹草、茨藻为绿肥和饲料资源。

（10）竹叶眼子菜群落

竹叶眼子菜群落分布于保护区池塘和水库上游溪沟内，群落盖度 70%。多为单种群落，偶伴生菹草、狐尾藻、黑藻等。眼子菜为绿肥和饲料资源。

（11）角果藻群落

角果藻群落分布于水库、河流及静水中，群落盖度 40%。多形成单种群落，偶伴生菹草。

（12）金鱼藻群落

金鱼藻群落分布于水库、河流及池塘中，群落盖度 40%。伴生植物主要为黑藻、茨藻、菹草及多种眼子菜。金鱼藻为鱼饲料及绿肥资源。

4.3 资源植物

根据有关文献资料和科学考察，将保护区（博爱段）植物资源分为用材植物、淀粉植物、纤维植物、野生水果、鞣料植物、园林绿化观赏植物、野菜植物、饲料植物、芳香植物、油脂植物、药用植物、有毒植物、蜜源植物、树脂和树胶植物、橡胶和硬橡胶植物。

4.3.1 用材植物

用材植物是指能生产木材并将其用于家具、建筑的乔木树种。本保护区各类用材植物有 86 种，主要有壳斗科、松科、柏科等科的一些乔木树种，如油松、侧柏、榆、旱柳等。此外，速生用材树种如杨、柳、泡桐等在本保护区也是主要的用于造林的用材植物。

保护区（博爱段）用材植物名录如下（* 者为引进种）。

银杏 *、白皮松、油松、雪松 *、圆柏 *、刺柏 *、侧柏 *、南方红豆杉 *、二球悬铃木 *、杜仲 *、黑榆、春榆、兴山榆、榆树、旱榆、大果榉、青檀、黑弹树、柘、桑、蒙桑、山桑、构树、胡桃、栓皮栎、麻栎、槲树、蒙古栎、枹栎、鹅耳枥、榛、毛白杨、小叶杨 *、加杨 *、欧美杨、旱柳、垂柳 *、柿、君迁子、野茉莉、山楂、山里红、豆梨、木梨、杜梨、褐梨、秋子梨 *、白梨 *、山荆子、西府海棠、湖北海棠、河南海棠、山桃、桃、山杏、毛樱桃、山槐、合欢、山皂荚、皂荚、野皂荚、山茱萸、枣 *、酸枣、栾树、复羽叶栾树 *、元宝槭、黄连木、盐麸木、青麸杨、黄栌、臭椿、苦木、香椿 *、楝、臭檀吴萸、小叶梣、白蜡树、流苏树、女贞、毛泡桐、兰考泡桐 *、灰楸、黄槽斑竹 *、淡竹、斑竹。

4.3.2　淀粉植物

淀粉植物主要指根、茎、果实、种子能产生淀粉的植物。淀粉是人类的主要食物来源之一，也是重要的工业原料，或由于含有其他有效成分，有些种类还是著名的中草药，如何首乌、百合等。本保护区淀粉植物有 43 种，壳斗科在保护区内有一定分布，主要是栓皮栎、麻栎，均含有丰富的淀粉。此外，豆科的葛、蓼科的何首乌、百合科的菝葜等植物的块根、块茎也是重要的植物淀粉资源。橡子是壳斗科栎属树木果实的统称，也是保护区（博爱段）较大的优势资源，其他资源丰富的物种还有菝葜、黄精属、玉竹、薯蓣类、天门冬类、百合类等。合理开发利用这些植物资源，适时采收加工，不仅为工业、养殖业提供原料，节约粮食，而且也可通过深加工作为粮食的代用品。

保护区（博爱段）淀粉植物名录如下。

毛茛、栓皮栎、麻栎、枹栎、槲树、蒙古栎、萹蓄、习见蓼、何首乌、八角麻、赤麻、地榆、稗、翻白草、葛、窄叶野豌豆、救荒野豌豆、大花野豌豆、大野豌豆、山野豌豆、广布野豌豆、太行米口袋、米口袋、荆条、黄荆、牡荆、六道木、野慈姑、百合、山丹、绵枣儿、大苞黄精、玉竹、轮叶黄精、黄精、天门冬、兴安天门冬、短梗菝葜、鞘柄菝葜、华东菝葜、穿龙薯蓣、薯蓣。

4.3.3　纤维植物

纤维植物的茎皮、木质部、叶等器官或组织纤维细胞发达，可用于制麻、编织或加工成为纺织、造纸的原料。本保护区纤维植物种类较多，达 114 种，其中，青檀树皮是我国著名的书画用纸——宣纸的原料；构树、桑、苎麻、扁担杆等植物茎皮纤维不仅丰富发达，而且质量极佳，是上等的造纸、纺织工业的原料；黄荆、牡荆、荆条、胡枝子、紫穗槐、白蜡树等是保护区（博爱段）群众常用于编制农具及生活用品的纤维原料。杨、柳、竹类、芒、荻、黄背草等速生丰产，是良好的造纸原料植物；木防己、葛藤、蝙蝠葛等是理想的藤编原料，本保护区资源丰富，应加强保护和利用。

保护区（博爱段）纤维植物名录如下（* 为引进种）。

大叶铁线莲、太行铁线莲、钝萼铁线莲、粗齿铁线莲、杜仲*、黑榆、春榆、兴山榆、榆树、旱榆、大果榉、青檀、黑弹树、葎草、柘、无花果*、桑、蒙桑、山桑、构树、大麻、艾麻、蝎子草、八角麻、赤麻、悬铃叶苎麻、小赤麻、胡桃、小花扁担杆、苘麻、木槿*、野西瓜苗、柽柳、毛白杨、小叶杨*、加杨*、旱柳、垂柳*、杭子梢、兴安胡枝子、绿叶胡枝子、大叶胡枝子、美丽胡枝子、多花胡枝子、胡枝子、短梗胡枝子、截叶铁扫帚、尖叶铁扫帚、槐、苦参、葛、山槐、合欢、地构叶、假奓包叶、变叶葡萄、桑叶葡萄、毛葡萄、山葡萄、华东葡萄、葡萄*、乌头叶蛇葡萄、蓝果蛇葡萄、葎叶蛇葡萄、白蔹、掌裂叶蛇葡萄、野亚麻、络石、杠柳、鹅绒藤、牛皮消、白首乌、隔山消、萝藦、地笋、三棱水葱、水葱、东方藨草、扁秆荆三棱、荆三棱、淡竹、斑竹、芦苇、雀麦、披碱草属（7种）、野青茅、假苇拂子茅、稗属（5种）、荻、芒、大油芒、白草、橘草、黄背草、黄茅、水莎草、牛筋草、双穗飘拂草、木防己、蝙蝠葛、长苞香蒲、无苞香蒲、水烛。

4.3.4 野生水果植物

野生水果植物是指能结出果实，且可食用、可作饲料的植物。本保护区野生水果植物有45种，多数为零星分布。营养保健价值较高的种类主要有五味子、野葡萄类、牛奶子、沙枣、三叶木通等，但资源量较少。应逐步加强培育和保护野生水果植物资源，有助于保护区经济和旅游发展。

保护区（博爱段）野生水果植物名录如下（*为引进种）。

柘、桑、蒙桑、山桑、构树、柿、君迁子、山楂、山里红、豆梨、木梨、杜梨、褐梨、秋子梨*、白梨*、山荆子、西府海棠、湖北海棠、河南海棠、茅莓、腺花茅莓、喜阴悬钩子、弓茎悬钩子、蛇莓、山桃、桃、山杏、郁李、欧李、樱桃*、毛樱桃、沙枣、牛奶子、沙棘、山茱萸、酸枣、变叶葡萄、桑叶葡萄、毛葡萄、山葡萄、葡萄、枸杞、苦糖果、蛇莓、三叶木通、小花扁担杆。

4.3.5 鞣料植物

鞣科植物富含单宁，经提取后商品名为栲胶。栲胶是皮革工业等制造业不可缺少的重要原料，又是蒸汽锅炉的硬水软化剂，并在墨水、纺织印染、石油、化工、医药、建筑等行业有着广泛的用途。本保护区鞣科植物种类较多，初步统计有121种。其中，单宁含量高、纯度好、资源优势明显、分布集中、易于采收并可集中运输和加工的植物有壳斗科树木的总苞（壳斗），蓼科蓼属及酸模属多数植物的全株或根，还有蔷薇属灌木的根皮、地榆的根、地锦的茎叶，杨属、柳属、槭树属树木的树皮及叶片，这些植物均有很高的开发利用价值。除此之外，本保护区有广为分布的漆树科树种，如盐肤木、青麸杨、黄连木等。但是，目前保护区内上述植物资源量少，不足以进行开发。

保护区（博爱段）鞣料植物名录如下（*为引进种）。

毛白杨、小叶杨*、加杨、旱柳、垂柳*、胡桃、榛、鹅耳枥、栓皮栎、麻栎、槲树、房山栎、蒙古栎、构树、酸模、皱叶酸模、巴天酸模、萹蓄、习见蓼、虎杖、商陆、垂序商陆*、土庄绣线菊、三裂绣线菊、李叶绣线菊、灰栒子、西北栒子、豆梨、木梨、杜梨、褐梨、野蔷薇、樱草蔷薇、黄刺玫、龙芽草、地榆、茅莓、腺花茅莓、牛叠肚、弓茎悬钩子、蛇含委陵菜、绢毛匍匐委陵菜、三叶委陵菜、朝天委陵菜、翻白草、皱叶委陵菜、莓叶委陵菜、多茎委陵菜、委陵菜、细裂委陵菜、山槐、合欢、槐、刺槐、太行米口袋、米口袋、胡枝子、绿叶胡枝子、大叶胡枝子、美丽胡枝子、短梗胡枝子、细梗胡枝子、兴安胡枝子、多花胡枝子、尖叶铁扫帚、截叶铁扫帚、杭子梢、鼠掌老鹳草、老鹳草、野老鹳草*、牻牛儿苗、芹叶牻牛儿苗、黄连木、盐麸木、青麸杨、黄栌、臭椿、苦木、香椿、楝、元宝槭、栾树、复羽叶栾树*、卵叶鼠李、小叶鼠李、锐齿鼠李、冻绿、乌头叶蛇葡萄、蓝果蛇葡萄、葎叶蛇葡萄、白蔹、掌裂叶蛇葡萄、千屈菜、柳叶菜、矮桃、狼尾花、狭叶珍珠菜、柿、君迁子、照山白、鳢肠、白蜡树*、小叶梣、紫草、黄荆、牡荆、荆条、路边青、败酱、糙叶败酱、岩败酱、少蕊败酱、阿尔泰狗娃花、狗娃花、砂狗娃花、鞑靼狗娃花、短梗菝葜、鞘柄菝葜、华东菝葜。

4.3.6 园林绿化观赏植物

园林绿化观赏植物是指可用于城市、乡村绿化，植物整体以及植物的花、果、叶等部位具有观赏价值的植物。经调查统计，保护区园林绿化观赏植物有 264 种，除少数引进种外，大多数本土生长的且具有很高观赏价值的种类未被开发利用，应加强该类植物应用方面的研究，解决人工繁育技术，从而丰富园林景观，促进本地经济发展。

保护区（博爱段）园林绿化观赏植物名录如下（* 为引进种）。

卷柏、垫状卷柏、旱生卷柏、蔓出卷柏、中华卷柏、小卷柏、溪洞碗蕨、陕西粉背蕨、银粉背蕨、团羽铁线蕨、铁线蕨、日本安蕨、中华蹄盖、耳羽岩蕨、华北岩蕨、鞭叶耳蕨、贯众、小羽贯众、稀羽鳞毛蕨、腺毛鳞毛蕨、北京铁角蕨、半岛鳞毛蕨、虎尾铁角蕨、华中铁角蕨、西北铁角蕨、蘋、满江红、银杏、白皮松、油松、雪松、圆柏、刺柏、侧柏、南方红豆杉*、睡莲、耧斗菜、华北耧斗菜、大叶铁线莲、太行铁线莲、钝萼铁线莲、粗齿铁线莲、东亚唐松草、大火草、白头翁、三叶木通、蝙蝠葛、小果博落回、二球悬铃木*、杜仲*、黑榆、春榆、脱皮榆、榆树、榔榆、旱榆、大果榉、青檀、黑弹树、柘、无花果*、桑、山桑、蒙桑、构树、胡桃、栓皮栎、麻栎、槲树、蒙古栎、榛、鹅耳枥、垂序商陆*、商陆、地肤、青蓿*、瞿麦、石竹、长蕊石头花、连翘、小花扁担杆、梧桐、锦葵、圆叶锦葵、蜀葵、木槿、紫花地丁、早开堇菜、柽柳、秋海棠、中华秋海棠、毛白杨、小叶杨*、加杨、旱柳、垂柳*、诸葛菜、照山白、柿、君迁子、野茉莉、矮桃、狭叶珍珠菜、钩齿溲疏、小花溲疏、碎花溲疏、太平花、毛萼山梅花、繁缕景天、垂盆草、费菜、瓦松、虎耳草、红柄白鹃梅、土庄绣线菊、三裂绣线菊、李叶绣线菊、灰栒子、西北栒子、山楂、山里红、豆梨、杜梨、褐梨、秋子梨、白梨*、木梨、西府海棠*、山荆子、湖北海棠*、河南海棠、月季花*、樱草蔷薇、黄刺玫、茅莓、山桃、桃、榆叶梅*、山杏、毛樱桃、郁李、欧李、樱桃*、山槐、合欢、皂荚、白刺花、槐、河北木蓝、紫穗槐*、紫藤*、刺槐*、红花锦鸡儿、胡枝子、阴山胡枝子、大叶胡枝子、美丽胡枝子、短梗胡枝子、细梗胡枝子、兴安胡枝子、多花胡枝子、杭子梢、牛奶子、沙棘、千屈菜、紫薇、石榴*、小花山桃草*、毛梾、山茱萸、卫矛、栓翅卫矛、地构叶、假奓包叶、枣*、酸枣、卵叶鼠李、小叶鼠李、锐齿鼠李、冻绿、少脉雀梅藤、多花勾儿茶、变叶葡萄、葡萄*、桑叶葡萄、毛葡萄、山葡萄、蛇葡萄、蓝果蛇葡萄、葎叶蛇葡萄、白蔹、乌头叶蛇葡萄、地锦、五叶地锦、栾树、复羽叶栾树、元宝槭、黄连木、盐麸木、青麸杨、黄栌、臭椿、苦木、香椿、楝、凤仙花*、磷叶龙胆、夹竹桃*、络石、枸杞、黄荆、牡荆、荆条、臭牡丹、小叶梣、白蜡树*、连翘、毛连翘、北京丁香、紫丁香*、巧玲花、流苏树、女贞*、小叶女贞*、毛泡桐、兰考泡桐*、灰楸、桔梗、多歧沙参、石沙参、荠苨、陕西荚蒾、六道木、葱皮忍冬、北京忍冬、苦糖果、金银忍冬、野菊、甘菊、太行菊、火绒草、华东蓝刺头、驴欺口、野慈姑、淡竹、斑竹、黄槽斑竹、无苞香蒲、水烛、长苞香蒲、雨久花*、黄花菜、北黄花菜、北萱草、百合、山丹、麦冬、禾叶山麦冬、山麦冬、马蔺、紫苞鸢尾、野鸢尾、鸢尾*、火烧兰。

4.3.7　野菜植物

野菜植物是指根、茎、叶可供食用的木本、草本植物。目前，野菜正逐渐被人们接受和喜欢。本保护区野菜植物有 94 种，如榆树果实榆钱、荠菜等十字花科植物，苜蓿，香椿芽，刺槐花，以及地笋、绵枣儿的地下茎、块根、鳞茎，等等。香椿芽是我国人民最喜爱的木本蔬菜之一，榆钱、刺槐花、香椿、薯蓣等也日益走俏，市场需求量迅速增加，值得进行研究和开发利用，以满足市场需要。

保护区（博爱段）野菜植物名录如下。

榆树、灰绿藜、小藜、藜、地肤、猪毛菜、反枝苋、苋、腋花苋、皱果苋、凹头苋、青葙、马齿苋、无心菜、簇生泉卷耳、球序卷耳、鹅肠菜、繁缕、麦瓶草、女娄菜、酸模、齿果酸模、皱叶酸模、巴天酸模、萹蓄、两栖蓼、离子芥、沼生蔊菜、风花菜、蔊菜、荠、诸葛菜、麦瓶草、弯曲碎米荠、小花糖芥、涩荠、紫苜蓿、天蓝苜蓿、小苜蓿、花苜蓿、歪头菜、窄叶野豌豆、大花野豌豆、大野豌豆、山野豌豆、紫藤、刺槐、米口袋、鸡眼草、长萼鸡眼草、紫花地丁、早开堇菜、酢浆草、臭椿、香椿、栾树、变豆菜、铁苋菜、水芹、辽藁本、大齿山芹、地梢瓜、矮桃、旋花、打碗花、田紫草、宝盖草、地笋、水苦荬、龙葵、枸杞、东风菜、茵陈蒿、狼杷草、小花鬼针草、白花鬼针草、金盏银盘、婆婆针、刺儿菜、泥胡菜、鸦葱、桃叶鸦葱、蒲公英、黄鹌菜、薯蓣、穿龙薯蓣、绵枣儿、韭、野韭、细叶韭、薤白、黄花菜、北黄花菜、北萱草。

4.3.8　饲料植物

饲料植物是指根、茎、叶可用作家畜饲料的木本、草本植物。保护区地处中原，饲料植物种类繁多，达 182 种，而且资源储量也很大，其中尤以禾本科和豆科的一些草本和小灌木分布普遍，它们是牛、马、羊等草食动物以及猪和家禽等杂食动物的良好饲料。马齿苋、苋、藜、盐肤木、野苎麻、满江红以及部分十字花科植物等是山区群众养猪的主要饲料。另外，栎类、桑、柘树等植物的叶子是不同蚕种的饲料。

保护区（博爱段）饲料植物名录如下（* 为引进种）。

蘋、槐叶蘋、满江红、黑榆、春榆、脱皮榆、榆树、榔榆、旱榆、柘、桑、蒙桑、鸡桑、构树、悬铃叶苎麻、栓皮栎、麻栎、槲树、蒙古栎、灰绿藜、小藜、藜、地肤、反枝苋、苋、腋花苋、皱果苋、凹头苋、青葙、喜旱莲子草、马齿苋、鹅肠菜、离子芥、沼生蔊菜、风花菜、蔊菜、菥蓂、独行菜、北美独行菜、荠、诸葛菜、弯曲碎米荠、播娘蒿、小花糖芥、涩荠、繁缕、路边青、蛇含委陵菜、绢毛匍匐委陵菜、三叶委陵菜、朝天委陵菜、翻白草、皱叶委陵菜、莓叶委陵菜、多茎委陵菜、委陵菜、细裂委陵菜、白车轴草*、野苜蓿、紫苜蓿、天蓝苜蓿、小苜蓿、花苜蓿、白花草木樨、印度草木樨、草木樨、细齿草木樨、窄叶野豌豆、救荒野豌豆、大花野豌豆、长柔毛野豌豆、大野豌豆、大叶野豌豆、山野豌豆、广布野豌豆、二色棘豆、硬毛棘豆、米口袋、鸡眼草、长萼鸡眼草、胡枝子、美丽胡枝子、短梗胡枝子、细梗胡枝子、多花胡枝子、长叶胡枝子、尖叶铁扫帚、截叶铁扫帚、杭子梢、千屈菜、铁苋菜、盐肤木、卫矛、南蛇藤、猫乳、酸枣、圆叶锦葵、野西瓜苗、柳叶菜、荇菜、狼尾花、狭叶珍珠菜、藤长苗、旋花、打碗花、田旋花、田紫草、附地菜、马鞭草、海州常山、宝盖草、益母草、蔧菜、龙葵、苦蘵、枸杞、通泉草、水苦荬、婆婆纳、车前、平车前、大车前、东风菜、马兰、阿尔泰狗娃花、一年蓬*、小蓬草*、茵陈蒿、牡蒿、蒙古蒿、鬼针草、狼巴草、小花鬼针草、刺儿菜、苦荬菜、泥湖菜、翅果菊、野莴苣*、鸦葱、苣荬菜、苦苣菜、蒲公英、黄鹌菜、省沽油、小眼子菜、菹草、眼子菜、野慈姑、早熟禾、紫羊茅、臭草、雀麦、隐子草、画眉草、知风草、小画眉草、乱子草、鹅观草、千金子、牛筋草、虎尾草、狗尾草、狗牙根、菵草、野燕麦、野青茅、棒头草、看麦娘、求米草、稗、马唐、金色狗尾草、白茅、结缕草、虮子草、荩草、白草、莎草、水莎草、浮萍、鸭跖草、金鱼藻。

4.3.9 芳香植物

芳香植物是指具有香气和可供提取芳香油的栽培植物及野生植物。本保护区有芳香植物 61 种，常见于裸子植物，如松、杉、柏类植物，被子植物以芸香科、伞形科、唇形科、马鞭草科、菊科等科的植物为生。

保护区（博爱段）芳香植物名录如下。

白皮松、油松、石生蝇子草、蝇子草、瞿麦、石竹、长蕊石头花、土荆芥、钩齿溲疏、小花溲疏、碎花溲疏、野蔷薇、樱草蔷薇、黄刺玫、黄栌、香椿、楝、花椒、竹叶花椒、臭檀吴萸、蛇床、辽藁本、石防风、刺槐、紫穗槐、三花莸、黄荆、牡荆、荆条、臭牡丹、海州常山、活血丹、藿香、荆芥、马鞭草、水棘针、薄荷、木香薷、野香草、海州香薷、溪黄草、毛叶香茶菜、蓝萼香茶菜、碎米桠、北京丁香、紫丁香、巧玲花、流苏树、小叶女贞、野菊、茵陈蒿、黄花蒿、蒙古蒿、艾蒿、野艾蒿、白莲蒿、野菊、甘菊、香附子、黄连木、金银忍冬。

4.3.10 油脂植物

油脂植物是指能贮藏植物油脂的植物。植物油脂多集中于植物的种子中，以种仁含量最多。本保护区油脂植物具有开发价值的有 77 种。胡桃是著名的油料树种，本保护区分布广泛；黄连木是本区常见的野生油脂植物，是发展生物柴油前景很好的能源植物；松树的种子油、黄连木、槭树属树木的果实油是重要的化工原料，经加工后，有些油也可食用。

保护区（博爱段）油脂植物名录如下。

白皮松、油松、圆柏、刺柏、侧柏、南方红豆杉、黑弹树、葎草、悬铃叶苎麻、小赤麻、胡桃、榛、鹅耳枥、土荆芥、灰绿藜、小藜、藜、地肤、猪毛菜、青葙、华北耧斗菜、大叶铁线莲、三叶木通、蝙蝠葛、沼生蔊菜、风花菜、蔊菜、诸葛菜、播娘蒿、小花糖芥、山杏、郁李、欧李、山槐、合欢、槐、紫苜蓿、天蓝苜蓿、小苜蓿、花苜蓿、白花草木樨、印度草木樨、草木樨、野大豆、胡枝子、美丽胡枝子、短梗胡枝子、毛俅、山茱萸、苦皮藤、南蛇藤、假奓包叶、栾树、复羽叶栾树、元宝槭、黄连木、盐麸木、青麸杨、黄栌、臭椿、苦木、香椿、楝、花椒、竹叶花椒、臭檀吴萸、梧桐、北京丁香、紫丁香、巧玲花、流苏树、陕西荚蒾、牛蒡、豨莶、苣荬菜、苍耳、紫苏。

4.3.11　药用植物

药用植物是指医学上用于防病、治病的植物。其植株的全部或一部分供药用或作为制药工业的原料。本保护区药用植物比较丰富，根据此次考察，本保护区药用植物达 472 种，所产地黄、连翘、太行菊、丹参、桔梗、山药等药用植物闻名中外。

保护区（博爱段）药用植物名录如下（* 为引进种）。

垫状卷柏、旱生卷柏、蔓出卷柏、中华卷柏、问荆、草问荆、木贼、节节草、犬问荆、银粉背蕨、团羽铁线蕨、耳羽岩蕨、贯众、半岛鳞毛蕨、蘋、银杏、油松、侧柏、圆柏、南方红豆杉、毛白杨、旱柳、胡桃、北马兜铃、牛扁、莲、睡莲、金鱼藻、大叶铁线莲、太行铁线莲、钝萼铁线莲、粗齿铁线莲、石龙芮、茴茴蒜、毛茛、东亚唐松草、大火草、白头翁、淫羊藿、三叶木通、蝙蝠葛、木防己、小果博落回、秃疮花、白屈菜、黄堇、小黄紫堇、地丁草、紫堇、葎草、柘、桑、蒙桑、山桑、黑弹树、榔榆、榆树、春榆、榛、麻栎、槲树、青葙、牛膝、马齿苋、透茎冷水花、悬铃叶苎麻、垂序商陆、商陆、无心菜、簇生泉卷耳、鹅肠菜、繁缕、中国繁缕、石生蝇子草、女娄菜、坚硬女娄菜、麦蓝菜、瞿麦、石竹、酸模、皱叶酸摸、巴天酸模、齿果酸模、习见蓼、杠板归、尼泊尔蓼、两栖蓼、酸模叶蓼、绵毛酸模叶蓼、春蓼、辣蓼、长鬃蓼、丛枝蓼、何首乌、毛脉首乌、虎杖、蓝雪花、小花扁担杆、紫花地丁、栝楼、秋海棠、中华秋海棠、土荆芥、藜、地肤、刺苋、凹头苋、焯菜、独行菜、北美独行菜、葶苈、诸葛菜、弯曲碎米荠、碎米荠、播娘蒿、小花糖芥、荠、圆叶锦葵、木槿、野西瓜苗、梧桐、柿、君迁子、野茉莉、矮桃、狼尾花、狭叶珍珠菜、太平花、毛萼山梅花、繁缕景天、垂盆草、费菜、瓦松、虎耳草、土庄绣线菊、三裂绣线菊、山楂、山里红、豆梨、木梨、杜梨、褐梨、野蔷薇、樱草蔷薇、黄蔷薇、黄刺玫、龙芽草、地榆、茅莓、腺花茅莓、弓茎悬钩子、路边青、蛇莓、东方草莓、蛇含委陵菜、绢毛匍匐委陵菜、三叶委陵菜、朝天委陵菜、翻白草、皱叶委陵菜、莓叶委陵菜、多茎委陵菜、委陵菜、山桃、桃、山杏、郁李、欧李、山槐、合欢、野皂荚、皂荚、山皂荚、苦参、白车轴草、紫苜蓿、天蓝苜蓿、小苜蓿、花苜蓿、白花草木樨、印度草木樨、草木樨、细齿草木樨、野大豆、葛、歪头菜、窄叶野豌豆、救荒野豌豆、大花野豌豆、大野豌豆、山野豌豆、广布野豌豆、多花木蓝、河北木蓝、紫藤、红花锦鸡儿、糙叶黄芪、鸡峰山黄芪、斜茎黄芪、草木樨状黄芪、蔓黄芪、二色棘豆、硬毛棘豆、太行米口袋、米口袋、鸡眼草、长萼鸡眼草、胡枝子、截叶铁扫帚、杭子梢、牛奶子、沙棘、蒺藜、点地梅、柳叶菜、狐尾藻、山茱萸、百蕊草、卫矛、苦皮藤、南蛇藤、雀儿舌头、地构叶、铁苋菜、泽漆、大戟、钩腺大戟、甘遂、乳浆大戟、枣、酸枣、卵叶鼠李、小叶鼠李、锐齿鼠李、冻绿、少脉雀梅藤、猫乳、多花勾儿茶、蛇葡萄、葎叶蛇葡萄、白蔹、乌头叶蛇葡萄、地锦、乌蔹莓、野亚麻、远志、西伯利亚远志、栾树、复羽叶栾树*、黄连木、盐麸木、青麸杨、黄栌、花椒、竹叶花椒、臭檀吴萸、蒺藜、酢浆草、鼠掌老鹳草、老鹳草、牻牛儿苗、芹叶牻牛儿苗、凤仙花、红柴胡、北柴胡、柽柳、直立茴芹、防风、水芹、蛇床、辽藁本、大齿山芹、华北前胡、石防风、野胡萝卜、胡萝卜、络石、杠柳、鹅绒藤、牛皮消、白首乌、徐长卿、地梢瓜、隔山消、萝藦、枸杞、漏斗泡囊草、白英、鳞叶龙胆、北方獐牙菜、曼陀罗、毛曼陀罗、藤长苗、旋花、打碗花、田旋花、牵牛、圆叶牵牛、菟丝子、金灯藤、紫草、田紫草、梓木草、狼紫草、斑种草、附地菜、盾果草、黄荆、牡荆、荆条、臭牡丹、海州常山、三花莸、筋骨草、紫背金盘、线叶筋骨草、水棘针、黄芩、夏至草、藿香、裂叶荆芥、荆芥、夏枯草、益母草、细叶益母草、錾菜、丹参、荔枝草、地笋、木香薷、野香草、海州香薷、溪黄草、毛叶香茶菜、蓝萼香茶菜、碎米桠、罗勒、透骨草、龙葵、平车前、大车前、车前、连翘、北京丁香、紫丁香*、巧玲花、流苏树、女贞、小叶女贞、地黄、通泉草、短茎马先蒿、阴行草、旋蒴苣苔、桔梗、石沙参、荠苨、杏叶沙参、多歧沙参、薄皮木、鸡矢藤、接骨木、茜草、猪殃殃、篷子菜、败酱、糙叶败酱、岩败酱、墓头回、缬草、华北蓝盆花、林泽兰、阿尔泰狗娃花、狗娃花、砂狗娃花、鞑靼狗娃花、全叶马兰、三脉紫菀、一年蓬、飞蓬、小蓬草、欧亚旋覆花、旋覆花、线叶旋覆花、烟管头草、金挖耳、天名精、苍耳、豨莶、鳢肠、菊芋、狼杷草、小花鬼针草、白花鬼针草、金盏银盘、婆婆针、甘菊、南牡蒿、艾蒿、黄花蒿、茵陈蒿、牡蒿、苍术、牛蒡、香青、刺儿菜、大丁草、风毛菊、毛连菜、鸦葱、狗舌草、苦荬菜、天名精、火络草、苣荬菜、长裂苦苣菜、蒲公英、黄鹌菜、漏芦、泽泻、野慈姑、雨久花*、半夏、独角莲、灯芯草、长苞香蒲、水烛、黑三棱、眼子菜、画眉草、芦苇、千金子、牛筋草、狗尾草、看麦娘、假稻、马唐、结缕草、白茅、白草、香附子、黄花菜、北黄花菜、北萱草、野百合、山丹、绵枣儿、韭、野韭、鹿药、大苞黄精、玉竹、轮叶黄精、黄精、北重楼、龙须菜、天门冬、兴安天门冬、攀缘天门冬、长花天门冬、曲枝天门冬、禾叶山麦冬、山麦冬、麦冬、马蔺、紫苞鸢尾、野鸢尾、鸢尾、短梗菝葜、鞘柄菝葜、华东菝葜、穿龙薯蓣、薯蓣。

4.3.12　有毒植物

有毒植物是植物增强生存能力的一种选择，虽可能会对人畜带来危害，但这些植物资源与农业、畜牧业、医学的关系密切，有毒植物多样性十分丰富，许多常用的中草药大都是有毒植物，此处指的有毒植物是狭义概念上的有毒植物，仅仅涉及与人们的日常生活、农业、畜牧业有关的植物。本保护区这一类有毒植物有 51 种。

保护区（博爱段）有毒植物（狭义概念）名录如下。

草问荆、木贼、节节草、犬问荆、半夏、虎掌、杠柳、鹅绒藤、牛皮消、白首乌、南蛇藤、苦皮藤、土荆芥、苍耳、照山白、秃疮花、白屈菜、黄堇、小黄紫堇、地丁草、紫堇、泽漆、狼毒大戟、大戟、钩腺大戟、甘遂、乳浆大戟、雀儿舌头、槲树、苦参、救荒野豌豆、黄花菜、北黄花菜、北萱草、楝、苦木、小果博落回、商陆、垂序商陆、白头翁、茴茴蒜、石龙芮、毛茛、短茎马先蒿、酸浆、龙葵、白英、蝎子草、蒺藜、秃疮花、白屈菜。

4.3.13　蜜源植物

蜜源植物是指所有气味芳香或能制造花蜜以吸引蜜蜂的显花植物，即能供蜜蜂采集花蜜和花粉的植物。本保护区蜜源植物较为丰富，有 83 种。在整个生长季，尤其是在春夏季节的盛花期，满山遍野百花竞开，有发展养蜂业的物质基础。枣树、酸枣、荆条是我国著名的蜜源植物，其花蜜在国内外市场享有盛誉。此外，本保护区豆科、蔷薇科的一些植物不仅花多、花期长，而且分布普遍，其中胡枝子属、野豌豆属、苜蓿属、木蓝属、牡荆属、刺槐、悬钩子属、蔷薇属、苹果属等植物具有很大的利用潜力。

保护区（博爱段）蜜源植物名录如下（* 为引进种）。

小果博落回、杜仲、柘、瞿麦、石竹、长蕊石头花、小花扁担杆、野茉莉、钩齿溲疏、碎花溲疏、太平花、毛萼山梅花、红柄白鹃梅、土庄绣线菊、三裂绣线菊、灰栒子、西北栒子、山楂、山里红、豆梨、木梨、杜梨、褐梨、秋子梨、白梨、沙梨、西府海棠*、山荆子、湖北海棠*、河南海棠、月季花*、樱草蔷薇、黄刺玫、茅莓、腺花茅莓、覆盆子、弓茎悬钩子、山桃、桃、山杏、毛樱桃、郁李、欧李、樱桃、山槐、合欢、白刺花、紫苜蓿、天蓝苜蓿、小苜蓿、花苜蓿、葛、贼小豆、歪头菜、窄叶野豌豆、救荒野豌豆、大花野豌豆、大野豌豆、山野豌豆、广布野豌豆、多花木蓝、河北木蓝、紫穗槐、紫藤、刺槐、太行米口袋、米口袋、胡枝子、美丽胡枝子、短梗胡枝子、杭子梢、元宝槭、黄荆、牡荆、荆条、三花莸、流苏树、葱皮忍冬、苦糖果、金银忍冬、菊、野菊、甘野菊。

4.3.14 树脂、树胶和橡胶、硬橡胶植物

树脂、树胶是指用于医药、印染、造纸、食品、皮革整理、墨水制造等的植物代谢次生产物。能溶于水，溶液有黏性，是不可缺少的原料。本保护区树脂、树胶植物有 6 种，前者主要有松属植物等，后者主要有李属植物等。橡胶是取自橡胶树、橡胶草等植物的胶乳，硬橡胶比软橡胶的硬度高，柔韧性差。

保护区（博爱段）树脂、树胶和橡胶、硬胶植物名录如下。

树脂、树胶植物：油松、桃、山桃、杏、香椿、乌蔹莓。

橡胶及硬橡胶植物在保护区（博爱段）种类较少，共有 2 种（杜仲、卫矛），一般不具开发利用的价值。

4.4 珍稀濒危保护植物及珍贵树种

4.4.1 国家级重点保护野生植物

根据 2021 年的《国家重点保护野生植物名录》，保护区（博爱段）有国家级重点保护野生植物 2 种。

1. 翅果油树（*Elaeagnus mollis*）

胡颓子科胡颓子属，落叶直立乔木。国家二级保护野生植物。生于保护区（博爱段）内青天河东岸半阳坡。河南境内为首次发现。

2. 野大豆（*Glycine soja*）

豆科大豆属。一年生缠绕草本。国家二级保护野生植物。保护区（博爱段）杂木林和灌丛地有零星分布。

4.4.2 主要栽培珍贵树种

根据国家林业和草原局印发的《主要栽培珍贵树种参考名录（2022 年）》，保护区（博爱段）分布有栽培珍贵树种 4 种。

表 3–9　本保护区国家珍贵树种名录

中文名	学名
杜仲	*Eucommia ulmoides*
蒙古栎	*Quercus mongolica*
银杏	*Ginkgo biloba*
南方红豆杉	*Taxus wallichiana* var. *mairei*

1. 落叶阔叶类树种

（1）杜仲（*Eucommia ulmoides*）

杜仲科杜仲属植物。落叶乔木，高达 20 m。花单性，雌雄异株。翅果扁平，长椭圆形，周围具薄翅。花期 4 月，果期 10 月。分布于保护区西段知青点。杜仲为我国特有的单种科，为第三纪残遗的古老树种。树皮药用，用于强壮剂及降血压，并能医腰膝痛，风湿及习惯性流产等；树皮分泌的硬橡胶可作为工业原料及绝缘材料，抗酸、碱及化学试剂的腐蚀的性能高，可制造耐酸、碱容器及管道的衬里；种子含油率达 27%；木材供建筑及家具用材。

（2）蒙古栎（*Quercus mongolica*）

壳斗科栎属植物。落叶乔木，高达 30 m。叶片倒卵形至长倒卵形，侧脉每边 7 ~ 11 条，叶柄长 2 ~ 8mm。雄花序生于新枝下部；雌花序生于新枝上端叶腋。壳斗杯形，包着坚果 1/3 ~ 1/2。坚果卵形至长卵形。花期 4—5 月，果期 9 月。保护区北部有零星分布的幼龄林。材质坚硬，耐腐力强，干后易开裂；可供车船、建筑、坑木等用材，叶片蛋白质含量 12.4%，可饲柞蚕；种子淀粉含量 47.4%，可酿酒或作饲料，树皮入药有收敛止泻及治痢疾之效。

2. 针叶类树种

（1）银杏（*Ginkgo biloba*）

银杏科银杏属植物。乔木，高达 40 m。叶扇形。雌雄异株。我国特有植物。花期 3 月下旬至 4 月中旬，种子 9—10 月成熟。保护区碗窑河有栽培。银杏为速生珍贵的用材树种，边材淡黄色，心材淡黄褐色，结构细，质轻软，富弹性，易加工，有光泽，不易开裂，不反挠，为优良木材，可供建筑、家具、室内装饰、雕刻、绘图版等用；种子供食用（多食易中毒）及药用；叶可作药用和制杀虫剂，亦可作肥料；种子的肉质外种皮含白果酸、白果醇及白果酚，有毒；树皮含单宁；银杏树形优美，春夏季叶色嫩绿，秋季变成黄色，颇为美观，可作庭园树及行道树。

（2）南方红豆杉（*Taxus wallichiana* var. *mairei*）

红豆杉科红豆杉属红豆杉的变种。乔木，高达 30 m。我国特有树种。花期 4—5 月，果期 6—11 月。保护区西部水库东岸有分布。心材橘红色，边材淡黄褐色，纹理直，结构细，坚实耐用，干后少开裂。可供作建筑、车辆、家具、器具、农具及文具等用材。

4.4.3 河南省重点保护植物

列入省级重点保护的植物一般是一些地方特有种以及一些渗入种。它们在研究植物区系地理、分布式样与历史变迁及影响变迁的生态环境因素、植物对环境的适应与协同进化、种系的分化与新种的形成时提供了重要的线索。根据河南省人民政府 2015 年颁布的《河南省重点保护植物名录》，河南省级重点保护植物共 98 种，其中种子植物 93 种，保护区（博爱段）分布有 6 种，隶属 6 科 6 属（表 3–10）。

表 3–10 保护区（博爱段）河南重点植物名录

植物类型		中文名	学名
蕨类植物	多年生草本	团羽铁线蕨	*Adiantum capillus-junonis*
裸子植物	乔木	白皮松	*Pinus bungeana*
被子植物	乔木	青檀	*Pteroceltis tatarinowii*
	乔木	杜仲	*Eucommia ulmoides*
	乔木	河南海棠	*Malus honanensis*
	多年生草本	太行菊	*Opisthopapus taihangensis*

（1）团羽铁线蕨（*Adiantum capillus-junonis*）

铁线蕨科铁线蕨属多年生草本。植株高 8 ~ 15cm。根状茎短而直立，被褐色披针形鳞片。叶簇生，叶片披针形。孢子囊群每羽片 1 ~ 5 枚；囊群盖长圆形或肾形，上缘平直，纸质，棕色，宿存。本保护区分布于水库上游湿润石灰岩脚、阴湿墙壁基部石缝中或荫蔽湿润的白垩土上。该种较喜光，可盆栽观叶或作山石盆景点缀，叶可作切花衬材。

（2）白皮松（*Pinus bungeana*）

松科松属植物。乔木，高达 30 m；树皮不规则块片脱落，露出粉白色内皮。针叶 3 针一束；球果卵圆形；种子灰褐色，种翅短。中国特有树种。花期 4—5 月，球果翌年 10—11 月成熟。本保护区分布于保护区北界，与山西交界的山脊上。

心材黄褐色，边材黄白色或黄褐色，质脆弱，纹理直，有光泽，花纹美丽，比重 0.46；可供房屋建筑、家具、文具等用；种子可食；树姿优美，树皮白色或褐白相间，极为美观，为优良的庭园树种。

（3）青檀（*Pteroceltis tatarinowii*）

榆科青檀属植物。乔木，高 20 m 以上；树皮灰色或深灰色，不规则的长片状剥落。叶纸质，宽卵形至长卵形，先端渐尖至尾状渐尖，基部不对称，基部 3 出脉。翅果状坚果近圆形或近四方形。花期 3—5 月，果期 8—10 月。本保护区分布于南界碗窑河村北。生于村旁山谷石灰岩山地疏林中。树皮纤维为制宣纸的主要原料；木材坚硬细致，可供作农具、车轴、家具和建筑用的上等木料；种子可榨油；树供观赏用。

（4）杜仲（*Eucommia ulmoides*）

前文主要栽培珍贵树种中已介绍。

（5）河南海棠（*Malus honanensis*）

蔷薇科苹果属植物。灌木或小乔木，高 5 ~ 7 m。叶片宽卵形至长椭卵形，先端急尖，基部圆形、心形或截形，边缘有尖锐重锯齿，两侧具有 3 ~ 6 浅裂。伞形总状花序，具花 5 ~ 10 朵。果实近球形，直径约 8 mm，黄红色，萼片宿存。花期 5 月，果期 8—9 月。分布于保护区北界山谷丛林中。对氟化氢、二氧化硫、硝酸雾等有毒气体有抗性，常作为城市街道绿化用树。

（6）太行菊（*Opisthopapus taihangensis*）

菊科太行菊属植物。多年生草本，高 10 ~ 15 cm。叶卵形、宽卵形或椭圆形，规则二回羽状分裂，一、二回全部全裂；全部叶末回裂片披针形、长椭圆形或斜三角形，宽 1 ~ 2 mm。头状花序单生枝端，或枝生 2 个头状花序。总苞浅盘状。总苞片约 4 层。舌状花粉红色或白色，线形。管状花黄色。花果期 6—9 月。分布于保护区西部和北部悬崖峭壁上。太行菊的花有清肝明目，清热润喉的功效。太行菊的花初开时为淡紫色，完全绽放后为白色，具有较高的观赏价值。

第 5 章

森林资源保护、管理与经营

河南太行山猕猴国家级自然保护区（博爱段）受海拔限制和人为活动影响，只有保护区西段北部与山西交界处、青天河水库东岸和藏豹岭南段沟谷内还保留少部分次生林植被，但属于初期发育阶段，除少数植物如葱皮忍冬、野茉莉、苦树、鹅耳枥、白皮松、红柄白鹃梅、侧柏等乔木外，大多为灌木，如小叶鼠李、少脉雀梅藤、野皂荚、蚂蚱腿子等。其他大多区域植物资源为人工油松林和侧柏林、人工阔叶林。整个保护区还未形成完整的森林生态系统，生物多样性仍不丰富，生态脆弱性仍然存在。虽然保护区该段不属于生态重要保护区域，但是在植物分布上仍有特殊的存在。翅果油树、红柄白鹃梅是保护区（焦作段）唯一分布区。本保护区首次发现野茉莉，表明南界、北界、东界植物历史上曾在本保护区繁衍生息，体现出过渡地带的环境特征。

5.1 原生植被保护与人工林改造

5.1.1 原生植被保护

原生植被是生物多样性的基础，保护好原生植被是保护区存在之本。维持生物多样性就要保护好原生植被的种质资源，保护好其赖以生存的和发展的自然环境。目前，保护区（博爱段）正逐步进入生物多样性良性循环阶段，但仍然处于初期发展阶段，生态系统仍存在很大的脆弱性、不稳定性，一旦受到不良的外界冲击，其缓冲能力和自我恢复能力差。生境的破坏就意味着植物种类与生长环境之间长期以来相互适应、共同发展的关系破裂，最终导致物种的灭绝或在本区域绝迹。无论是物种的灭绝还是在某一区域的绝迹，都意味着植物某一特有的遗传物质的永远流失，这种流失对生命科学来说甚至对全人类来说都是不可弥补的损失。保护区内实施严格的保护措施势在必行。

为了保护好珍贵的原生植被，应做好以下工作。

1. 摸清家底，做好详细规划

为做好植物资源的保护，必须摸清家底，做好科学规划，有效实施分类经营。将保护区分为若干区域，划分重要保护区、次级保护区和一般保护区，分等级进行保护。对保护区内白皮松、青檀、翅果油树等珍稀植物生长区域要建立小区，进行特别保护。对这些特有的、残遗的群落类型应长期定位、定期观测，掌握它们的动态规律，采取切实可行的保护措施。

2. 加强宣传，增强保护意识

深入宣传林地生态系统在维系国土安全和自然生态平衡方面的重要作用，让人民群众认识到，长期对林地资源的过度开发、利用甚至破坏已经或正在危及人类自身的生存和社会经济的繁荣，保护自然资源和自然环境已经成为当今社会最受关注的国际性问题之一。积极通过广播、设立标牌、宣传栏等多种形式的宣传活动，让大家充分认识到保护自然环境和保护珍稀动植物的意义，懂得维护自然生态平衡与人民生产、生活的关系，提高广大群众的生态意识和爱护自然、保护环境的道德素养，把保护自然环境和自然资源变成人民群众的自觉行动。

3. 完善制度，措施具体得力

要从上至下建立起一套完整的保护巡查、监督制度。实行领导负责制，明确责任到人。具体包括：财务管理制度，对财务处理、资金管理和物资管理做出具体规定；劳动管理制度，对保护区全体成员工作出勤、劳动纪律、劳动保护做出具体规定；保护管理制度，详细制订护林防火制度、节假日值班制度、进入保护区应遵守的有关制度；科学研究管理制度，制订保护区科技成果奖励制度；生产经营制度，制订经营方案、生产经营技术规程、保护区生态旅游管理制度等。

4. 谨慎引种，防止外来物种入侵

当前，外来物种入侵已经成为生态系统稳定的巨大隐患。因此，首先要杜绝引进未经驯化和当地未进行试种的外来物种；其次，严禁任何单位和个人私自携带外来物种的苗木、果实和种子进入保护区。

5. 严加防范，严禁私采滥挖

保护区植物的良好生长，是生态系统植物间竞争的产物，是一个复杂有序的演替过程，任何人为干扰和破坏都可能给生态系统和植物演替带来不良后果。因此，要杜绝在保护区私自挖野菜、采标本等破坏生态系统稳定的行为。

6. 合理利用，提高资源利用

本保护区分布的核桃、山楂、柿等果品资源，杜仲、黄精等名贵中药材，红柄白鹃梅、黄栌、白皮松、绣线菊等观赏植物，是保护区珍贵的植物资源。除此之外，本保护区还有用材植物、野生水果植物、蜜源植物、芳香植物等。在保护好自然资源和自然环境的前提下，利用本保护区的优势资源，合理发展副业生产，开展多种经营，增加林副产品收入，有利于以副补林、以副养林，增强保护区的活力。

7. 科技助力，科学分类保护

保护区科技人员应与有关科研单位合作，深入研究物种濒危原因及拯救方案，搞好珍稀濒危植物和珍贵树种的就地保护，并结合本区环境条件进行珍稀濒危植物的迁地保护工作，进行珍稀濒危植物和珍贵树种的引种驯化、育苗栽培等试验工作。

5.1.2　人工林改造

本保护区有近一半的侧柏、油松人工林，存在着树种单一、密度过大、林下荒芜的情况。因此，对人工林进行科学改造势在必行。

1. 科学抚育间伐

一是对人工油松、侧柏林密度过大区域应加大间伐力度，留下足够空间，保证乔木层、灌木层、地被层及草本层的完整存在；二是注意保护乔、灌、草等各层次的物种多样性和森林地表枯落物层的完整性，枯落物经微生物活动形成的腐殖质层是植物群落发育的根本保护，也是水源涵养的关键层次。

2. 促进灌木林演替

对立地条件差，如以野皂荚为主的灌木林地，一是应积极进行人为干扰，培育和栽植母树林，尽快改善林分结构；二是严格封山育林措施，特别是生态系统处于发育初期的杂灌丛林，加强管理，恢复植被和总生物量。

5.2　合理开发旅游资源

5.2.1　旅游资源概述

青天河风景名胜区位于保护区中部的博爱县境内，距焦作市区 50 km，面积 106 km^2。由大坝、大泉湖、三姑泉、西峡、佛耳峡、靳家岭、月山寺七大游览区 308 个景点组成，它集南北山水特色和丰厚文化底蕴于一体，享有“北方三峡”之美誉。这里三步一泉，五步一瀑，青山绕碧水，绿树掩古寺，飞泉流瀑，如诗如画。这里有世界独一无二的天然长城及世界奇观“石鸡下蛋”。有中原独一无二的高山峡谷湿地景色，有最大出水量每秒 7 m^3、洞径 2.18 m 的“华夏第一泉”——三姑泉以及由此泉水形成的长达 7.5 km 的大泉湖。这里碧波荡漾，妩媚婉约，水随山势，百转千回，两岸绿色掩映，猕猴嬉戏其中，湖内行船荡舟，舟移景异，船在画中走，人在画中游，如游漓江，似进三峡，置身其中，游客将从生活压力中解放出来，得到最畅快、最松弛的休闲体验。进入西峡，两岸青峰翠岭，水面一平如镜，杨柳临溪傍水，荆林神韵通幽，古朴小舟伴着暮归的老牛和牧童，一片田园牧歌式的风光呈现在眼前。这里有产生于 7000 万年前至今唯一身上有文字记载的世界罕见天然大佛、距今 1500 年的北魏摩崖石刻、北魏官道等人文景观，会使你在这静谧的环境中返璞归真，去细细地体味和追溯历史的脚步。始建于公元 1158 年的月山寺，是历史上著名的佛教圣地，与少林寺、白马寺并称为中原三大古寺。月山寺曾名“清风寺”“大名禅院”“宝光寺”，明永乐三年更名为“月山寺”并沿用至今。月山寺鼎盛时期有僧侣五百、房舍千余间，经版、经书收藏甚多，尤其藏经阁中收录的佛经最为完整。明代学者李濂在其所著的《明月山记》中曾提道：“读道藏于天坛，读佛藏于明月”，句中的明月即指月山寺。月山寺还是中华三大拳之一——八极拳的发祥地。武林中流传有“文有太极安天下，武有八极定乾坤”的诗句，充分说明了八极拳与太极拳具有同等的历史地位和广泛影响。月山寺景区内仙山琼阁，晨钟暮鼓，碧树烟云，胜迹荟萃，内有著名的八大景、七小景、五大奇观和两个千古难解之谜。清乾隆皇帝曾三朝月山寺，御题三匾、一对联、诗七首，并作有“金山行影几千秋，云锁高峰水自流，美景一时观不尽，天缘有份再来游”一诗盛赞月山寺美景。月山寺现存有砖塔 31 座，坐落在南北 800 m、东西 500 m 的区域之中，建成于公元 800 年左右，堪称砖塔建筑之宝，其中一组七尊塔，依北斗七星顺序排列，对研究古代天文学具有重要的参考价值。月山寺悠久的历史、丰富的文化和重要的历史地位曾引起各级领导的高度重视。

保护区（博爱段）的靳家岭作为青天河旅游景区的一部分，主要用于观赏秋季红叶。它有四大特点：一是面积大。青天河景区面积 106 km^2，红叶林面积达 10 万亩，充分满足游客的观赏需求，是世界上分布最集中、面积最大的原始森林，也是保存较为完整的南太行森林景观；二是色彩丰富。不同于单调的红色，青天河红叶颜色层层变化，由绿—黄—橙—红—深红逐渐递进；三是周期长，景色分明。红叶适宜观赏时间长达两个月，一般在 9 月 25 日至 11 月 25 日，分为 3 个阶段，第一阶段五彩斑斓，第二阶段层林尽染，第三阶段万叶飘丹；四是种类多，树种类型丰富，黄栌、五角枫、胡树、火炬树、槭树等 20 多种常见的观赏性红叶树，集观赏性与科考价值于一体，特别是拥有 2500 余年树龄的黄栌王，令人称奇。

5.2.2　挖掘潜力，深层次开发生态旅游

目前，保护区（博爱段）靳家岭是青天河旅游景区的一部分，取得了较好的效

果，充分体现了靳家岭的特色，即春天赏花（山桃、连翘）、秋天观叶（黄栌、栎树）。但目前仍属初期开发阶段，基础设施和景点开发不到位。下一步，应围绕景色特点，按照保护区生态旅游要求，编制旅游规划，科学实施旅游设施建设、旅游步道和景点开发，形成增加经济效益与有效保护生物多样性双赢的局面。

1. 旅游开发应将生态放在第一位

保护区生态保护是第一位的，其次才是旅游开发。如何将保护与开发有机的结合，相互促进，是在现有基础上进行旅游规划开发的重点。

2. 挖掘保护区生态旅游潜力

在现有旅游景点的基础上，完善知青点、藏豹岭的绿道建设，增加相应的基本设施，如洗手间、休息凉亭等，以增加游客容量。

3. 提升保护区生态旅游内涵

首先，从丰富游客知识入手，在多条绿道上对乔木、灌木甚至草本群落木进行挂牌（插牌）和二维码识别牌，增加游客兴趣点。其次，在每个景点休息室、长廊悬挂植物图片，介绍植物的特点和利用价值。最后，在春秋两季举办植物和景区景观摄影大赛，提高知名度，增加景区热度。

4. 增加景区植物丰富度

保护区靳家岭景区立地条件相对较好，海拔适中，由于人为活动，许多太行山珍稀植物在此消失。应在保护区内选择立地条件好、地势平坦、土层厚、有灌溉条件的区域，建立太行山野生植物园。植物材料的来源一是就地取材，选取如太平花、紫苞鸢尾、黄精等具有观赏和经济价值的植物；二是采取引进来的办法，在太行山其他相似海拔区域，引进较为珍贵的植物，如太行花、槭叶铁线莲、乌头、北京堇菜等。从而更大地增加景区植物的丰富度。

5.2.3　旅游开发和工程施工应避开的地带

1. 生态脆弱区

一些已经形成植被但比较脆弱的区域应禁止旅游线路、场地及设施的通过或设置。如大片山石表面形成的植被，一经破坏，很难恢复。

2. 重要植物植被区

主要指本保护区生态系统中重要的建群种和优势种植物群落，各级各类保护植物和珍贵树种群落，重要资源植物群落，重要科研价值植物群落。

3. 保护植物分布密集地带

一些特殊地貌营造的独特小气候环境，如一些阴湿山坡、湿润山沟及山顶地带，往往有保护植物密集分布，旅游开发前需经考察并确定规避方案后方可规划施工。

4. 过渡带特征植物

保护区（博爱段）虽不属于自然保护区的核心区范围，但在植物区系地理中仍有重要意义。本保护区为翅果油树、红柄白鹃梅在整个保护区（焦作段）的唯一分布区。野茉莉在本保护区也有分布，体现出过渡地带的环境特征。旅游开发和工程施工应避开分布有该类物种的地带。

5. 资源和科研价值大的物种

保护区（博爱段）分布的翅果油树是经第四世纪冰期残存下来的中国特有种，野生种群为国家二级重点保护野生植物。它的种子富含油脂，种仁含粗脂肪 46.58% ~ 51.45%，出油率 30% ~ 35%，其油脂理化性质与二级芝麻油、花生油相近，是重要的油料植物资源。近年来，林业相关部门积极建立翅果油树种质资源库，为今后良种培育和深度利用奠定了基础。

保护区（博爱段）分布的野大豆为豆科一年生藤本植物，是栽培大豆的近缘祖先。在 2021 年更新的《国家重点保护野生植物名录》里，野大豆被列为国家二级重点保护野生植物，是一种重要的种质资源。野大豆适应性强，在田边沟旁、河岸湖边、灌木丛中都能发现它的踪迹，对不同环境的适应能力反映出野大豆很多特殊优良的基因，如耐盐碱、耐旱、抗涝，这为大豆作物的改良提供了丰富的基因资源。旅游开发和工程施工应避开分布有该类物种的地带。

6. 古树名木

避开古树名木，如千年黄栌、古青檀群落。

因此，在进行旅游规划时，应与保护区管理部门对接，了解保护区植物及植被状况，在掌握详细情况的基础上规划旅游线路、设施、建筑及场地，避开上述重要地段和重要植物及植被分布区。

5.3　管理制度

5.3.1　完善科考及实习制度

1. 物种信息发布管理

保护区在进行科普宣传或向社会发布有关信息时，不可避免地会涉及物种信息，针对珍稀濒危保护植物、重要资源植物、重要科研价值植物，在发布向社会公开的信息时，首先应遵守相关法规，还应做到以下方面：①不公开物种分布的详细地理信息；②不宣传保护区内植物无科学依据的药用及保健价值；③监控社会媒体对保护区重要植物相关信息的发布，发现问题及时依法干预。

2. 科研院所及高校在保护区科学考察及实习的管理

考察或实习前，须主动与保护区相关部门接洽，有必要时需签订协议；考察或实习中，须遵守相关法律，不破坏植物资源，不泄露物种地理信息；考察中的重要发现（如新物种、新分布等）需向保护区通报相应的地理信息；公开发布任何文章（包括新闻报道、学术论文及著作等），如涉及物种地理信息，需经保护区相关部门审核同意；科学考察及实习向导，最好由保护区相关部门指定，以避免无关人员泄露保护区物种地理信息。

5.3.2 制订严格的管理制度

河南省国有博爱林场（挂河南太行山国家级自然保护区博爱保护中心）是保护区管理主体，受博爱县林业发展服务中心直接领导和焦作保护区管理中心业务指导，主要职责任务：负责生态防护林的规划与营造、抚育管理、生产经营、开发利用、护林防火等工作；负责保护区内野生动植物资源的研究、保护、合理开发利用以及濒危珍稀物种的拯救、繁殖、驯养工作。为尽职尽责做好工作，制订严格的管理制度。

1. 目标管理责任制

目标管理责任制落实情况是衡量各项工作的尺度，也是考核每个干部职工工作实绩的重要依据。目标管理责任制分为德、绩考核两项内容。考核结果作为评选先进、加入组织、晋级加薪等待遇的主要依据。制订年度目标任务，各项目标任务进行量化，分解到各个职工。

2. 财务管理制度

财务管理制度是管理分局的基本制度。它对财务处理、资金管理和物资管理做了具体规定。坚持收支两条线制度、财务公开制度。

3. 劳动管理制度

劳动管理制度对保护区全体成员工作出勤、劳动纪律、劳动保护均做了具体规定。是全体干部职工参与生产劳动不可缺少的制度。

4. 保护管理制度

保护管理制度方面主要有河南太行山猕猴国家级自然保护区（博爱段）护林防火制度、节假日值班制度。贯彻实施《中华人民共和国森林法》《中华人民共和国野生动植物保护法》《中华人民共和国自然保护区条例》等法律法规及进入保护区应遵守的有关制度。

5. 科学研究方面

科学研究方面主要有保护区科技成果奖励制度。

6. 生产科研管理制度

主要有保护区科技成果奖励制度；河南太行山猕猴国家级自然保护区（博爱段）经营方案、生产经营技术规程、保护区生态旅游管理制度。

通过对以上各项制度的制订和有效实施，确保保护区各项工作的顺利完成。

参考文献

丁宝章，王遂义，1981. 河南植物志［M］. 郑州：河南人民出版社.

侯宽昭，1984. 中国种子植物科属词典（修订版）［M］. 北京：科学出版社.

刘宗才，2001. 河南园林树木资源研究［J］. 河南农业大学学报，35（1）：4.

刘宗才，曹振强，2001. 河南植物区系分区研究［J］. 河南农业大学学报，35（2）：145–148.

卢炯林，1987. 河南省珍稀、濒危保护植物的调查研究［J］. 河南农业大学学报（4）：38–56.

卢炯林，王磐基，1990. 河南珍稀濒危保护植物［M］. 郑州：河南大学出版社.

宋朝枢，1994. 伏牛山自然保护区科学考察集［M］. 北京：中国林业出版社.

宋朝枢，1996. 太行山猕猴自然保护区科学考察集［M］. 北京：中国林业出版社.

王荷生，1979. 中国植物区系的基本特征［J］. 地理学报（3）：40–53.

王荷生，1989. 中国种子植物特有属起源的探讨［J］. 植物分类与资源学报（1）：1–16.

王遂义，曹冠武，1990. 河南木本植物区系的研究［J］. 西北植物学报，10（4）：309–319.

吴征镒，1980. 中国植被［M］. 北京：科学出版社.

吴征镒，1991. 中国种子植物属的分布区类型［J］. 植物资源与环境学报（S4）：1–139.

叶永忠，范志彬，1993. 河南栎林的研究［J］. 河南农业大学学报，27（2）：9.

袁永明，张志英，1986. 秦岭的珍稀特有植物及其区系特征［J］. 武汉植物学研究，4（4）：353–362.

张光业，1985. 河南第四纪古地理演变［J］. 河南大学学报（3）：11–22

张桂宾，2004. 河南种子植物区系地理研究［J］. 广西植物，24（3）：8.

张桂宾，2005. 河南省植物多样性研究［J］. 河南大学学报：自然科学版，35（3）：4.

中国科学院中国自然地理编辑委员会，1983. 中国自然地理：植物地理（上册）［M］. 北京：科学出版社.

附 录

河南太行山猕猴国家级自然保护区（博爱段）维管植物名录

种名	学名	门	纲	科	属
侧柏	*Platycladus orientalis*	裸子植物门	松杉纲	柏科	侧柏属
圆柏	*Juniperus chinensis*	裸子植物门	松杉纲	柏科	刺柏属
龙柏	*Juniperus chinensis* ‘Kaizuca’	裸子植物门	松杉纲	柏科	刺柏属
塔柏	*Juniperus chinensis* ‘Pyramidalis’	裸子植物门	松杉纲	柏科	刺柏属
南方红豆杉	*Taxus wallichiana* var. *mairei*	裸子植物门	松杉纲	红豆杉科	红豆杉属
银杏	*Ginkgo biloba*	裸子植物门	银杏纲	银杏科	银杏属
雪松	*Cedrus deodara*	裸子植物门	松杉纲	松科	雪松属
白皮松	*Pinus bungeana*	裸子植物门	松杉纲	松科	松属
油松	*Pinus tabuliformis*	裸子植物门	松杉纲	松科	松属
虎掌	*Pinellia pedatisecta*	被子植物门	单子叶植物纲	天南星科	半夏属
半夏	*Pinellia ternata*	被子植物门	单子叶植物纲	天南星科	半夏属
浮萍	*Lemna minor*	被子植物门	单子叶植物纲	天南星科	浮萍属
野慈姑	*Sagittaria trifolia*	被子植物门	单子叶植物纲	泽泻科	慈姑属
泽泻	*Alisma plantago-aquatica*	被子植物门	单子叶植物纲	泽泻科	泽泻属
穿龙薯蓣	*Dioscorea nipponica*	被子植物门	单子叶植物纲	薯蓣科	薯蓣属
薯蓣	*Dioscorea polystachya*	被子植物门	单子叶植物纲	薯蓣科	薯蓣属
无苞香蒲	*Typha laxmannii*	被子植物门	单子叶植物纲	香蒲科	香蒲属
长苞香蒲	*Typha domingensis*	被子植物门	单子叶植物纲	香蒲科	香蒲属
水烛	*Typha angustifolia*	被子植物门	单子叶植物纲	香蒲科	香蒲属
短梗菝葜	*Smilax scobinicaulis*	被子植物门	单子叶植物纲	菝葜科	菝葜属
华东菝葜	*Smilax sieboldii*	被子植物门	单子叶植物纲	菝葜科	菝葜属
鞘柄菝葜	*Smilax stans*	被子植物门	单子叶植物纲	菝葜科	菝葜属
山丹	*Lilium pumilum*	被子植物门	单子叶植物纲	百合科	百合属
野百合	*Lilium brownii*	被子植物门	单子叶植物纲	百合科	百合属
北重楼	*Paris verticillata*	被子植物门	单子叶植物纲	藜芦科	重楼属
山韭	*Allium senescens*	被子植物门	单子叶植物纲	石蒜科	葱属
细叶韭	*Allium tenuissimum*	被子植物门	单子叶植物纲	石蒜科	葱属
球序韭	*Allium thunbergii*	被子植物门	单子叶植物纲	石蒜科	葱属

续表

种名	学名	门	纲	科	属
韭	*Allium tubersoum*	被子植物门	单子叶植物纲	石蒜科	葱属
薤白	*Allium macrostemon*	被子植物门	单子叶植物纲	石蒜科	葱属
野韭	*Allium ramosum*	被子植物门	单子叶植物纲	石蒜科	葱属
攀缘天门冬	*Asparagus brachyphyllus*	被子植物门	单子叶植物纲	天门冬科	天门冬属
兴安天门冬	*Asparagus dauricus*	被子植物门	单子叶植物纲	天门冬科	天门冬属
长花天门冬	*Asparagus longiflorus*	被子植物门	单子叶植物纲	天门冬科	天门冬属
曲枝天门冬	*Asparagus trichophyllus*	被子植物门	单子叶植物纲	天门冬科	天门冬属
龙须菜	*Asparagus schoberioides*	被子植物门	单子叶植物纲	天门冬科	天门冬属
天门冬	*Asparagus cochinchinensis*	被子植物门	单子叶植物纲	天门冬科	天门冬属
山麦冬	*Liriope spicata*	被子植物门	单子叶植物纲	天门冬科	山麦冬属
鹿药	*Maianthemum japonicum*	被子植物门	单子叶植物纲	天门冬科	舞鹤草属
黄精	*Polygonatum sibiricum*	被子植物门	单子叶植物纲	天门冬科	黄精属
大苞黄精	*Polygonatum megaphyllum*	被子植物门	单子叶植物纲	天门冬科	黄精属
轮叶黄精	*Polygonatum verticillatum*	被子植物门	单子叶植物纲	天门冬科	黄精属
玉竹	*Polygonatum odoratum*	被子植物门	单子叶植物纲	天门冬科	黄精属
麦冬	*Ophiopogon japonicus*	被子植物门	单子叶植物纲	天门冬科	沿阶草属
野鸢尾	*Iris dichotoma*	被子植物门	单子叶植物纲	鸢尾科	鸢尾属
鸢尾	*Iris tectorum*	被子植物门	单子叶植物纲	鸢尾科	鸢尾属
笄石菖	*Juncus prismatocarpus*	被子植物门	单子叶植物纲	灯芯草科	灯芯草属
细茎灯芯草	*Juncus gracilicaulis*	被子植物门	单子叶植物纲	灯芯草科	灯芯草属
野青茅	*Deyeuxia pyramidalis*	被子植物门	单子叶植物纲	禾本科	野青茅属
荩草	*Arthraxon hispidus*	被子植物门	单子叶植物纲	禾本科	荩草属
矛叶荩草	*Arthraxon lanceolatus*	被子植物门	单子叶植物纲	禾本科	荩草属
白羊草	*Bothriochloa ischaemum*	被子植物门	单子叶植物纲	禾本科	孔颖草属
白草	*Pennisetum flaccidum*	被子植物门	单子叶植物纲	禾本科	狼尾草属
牛筋草	*Eleusine indica*	被子植物门	单子叶植物纲	禾本科	䅟属
虎尾草	*Chloris virgata*	被子植物门	单子叶植物纲	禾本科	虎尾草属
狗牙根	*Cynodon dactylon*	被子植物门	单子叶植物纲	禾本科	狗牙根属
假稻	*Leersia japonica*	被子植物门	单子叶植物纲	禾本科	假稻属

续表

种名	学名	门	纲	科	属
马唐	*Digitaria sanguinalis*	被子植物门	单子叶植物纲	禾本科	马唐属
毛马唐	*Digitaria ciliaris* var. *chrysoblephara*	被子植物门	单子叶植物纲	禾本科	马唐属
升马唐	*Digitaria ciliaris*	被子植物门	单子叶植物纲	禾本科	马唐属
双穗雀稗	*Paspalum distichum*	被子植物门	单子叶植物纲	禾本科	雀稗属
长芒稗	*Echinochloa caudata*	被子植物门	单子叶植物纲	禾本科	稗属
西来稗	*Echinochloa crusgalli* var. *zelayensis*	被子植物门	单子叶植物纲	禾本科	稗属
稗	*Echinochloa crusgalli*	被子植物门	单子叶植物纲	禾本科	稗属
无芒稗	*Echinochloa crusgalli* var. *mitis*	被子植物门	单子叶植物纲	禾本科	稗属
短芒稗	*Echinochloa crusgalli* var. *breviseta*	被子植物门	单子叶植物纲	禾本科	稗属
鹅观草	*Elymus kamoji*	被子植物门	单子叶植物纲	禾本科	披碱草属
毛秆鹅观草	*Elymus pendulinus* subsp. *pubicaulis*	被子植物门	单子叶植物纲	禾本科	披碱草属
纤毛鹅观草	*Elymus ciliaris*	被子植物门	单子叶植物纲	禾本科	披碱草属
披碱草	*Elymus dahuricus*	被子植物门	单子叶植物纲	禾本科	披碱草属
毛披碱草	*Elymus villifer*	被子植物门	单子叶植物纲	禾本科	披碱草属
肥披碱草	*Elymus excelsus*	被子植物门	单子叶植物纲	禾本科	披碱草属
垂穗披碱草	*Elymus nutans*	被子植物门	单子叶植物纲	禾本科	披碱草属
知风草	*Eragrostis ferruginea*	被子植物门	单子叶植物纲	禾本科	画眉草属
小画眉草	*Eragrostis minor*	被子植物门	单子叶植物纲	禾本科	画眉草属
画眉草	*Eragrostis pilosa*	被子植物门	单子叶植物纲	禾本科	画眉草属
黑麦草	*Lolium perenne*	被子植物门	单子叶植物纲	禾本科	黑麦草属
多花黑麦草	*Lolium multiflorum*	被子植物门	单子叶植物纲	禾本科	黑麦草属
硬直黑麦草	*Lolium rigidum*	被子植物门	单子叶植物纲	禾本科	黑麦草属
雀麦	*Bromus japonicus*	被子植物门	单子叶植物纲	禾本科	雀麦属
疏花雀麦	*Bromus remotiflorus*	被子植物门	单子叶植物纲	禾本科	雀麦属
耐酸草	*Bromus pumpellianus*	被子植物门	单子叶植物纲	禾本科	雀麦属

续表

种名	学名	门	纲	科	属
野燕麦	*Avena fatua*	被子植物门	单子叶植物纲	禾本科	燕麦属
虱子草	*Tragus berteronianus*	被子植物门	单子叶植物纲	禾本科	锋芒草属
东方羊茅	*Festuca arundinacea* subsp. *orientalis*	被子植物门	单子叶植物纲	禾本科	羊茅属
臭草	*Melica scabrosa*	被子植物门	单子叶植物纲	禾本科	臭草属
细叶臭草	*Melica radula*	被子植物门	单子叶植物纲	禾本科	臭草属
虮子草	*Leptochloa panicea*	被子植物门	单子叶植物纲	禾本科	千金子属
芒	*Miscanthus sinensis*	被子植物门	单子叶植物纲	禾本科	芒属
荻	*Miscanthus sacchariflorus*	被子植物门	单子叶植物纲	禾本科	芒属
大油芒	*Spodiopogon sibiricus*	被子植物门	单子叶植物纲	禾本科	大油芒属
节节麦	*Aegilops tauschii*	被子植物门	单子叶植物纲	禾本科	山羊草属
黄茅	*Heteropogon contortus*	被子植物门	单子叶植物纲	禾本科	黄茅属
短柄草	*Brachypodium sylvaticum*	被子植物门	单子叶植物纲	禾本科	短柄草
茵草	*Beckmannia syzigachne*	被子植物门	单子叶植物纲	禾本科	茵草属
求米草	*Oplismenus undulatifolius*	被子植物门	单子叶植物纲	禾本科	求米草属
狼尾草	*Pennisetum alopecuroides*	被子植物门	单子叶植物纲	禾本科	狼尾草属
白茅	*Imperata cylindrica*	被子植物门	单子叶植物纲	禾本科	白茅属
芦苇	*Phragmites australis*	被子植物门	单子叶植物纲	禾本科	芦苇属
黄槽斑竹	*Phyllostachys bambusoides* f. *mixta*	被子植物门	单子叶植物纲	禾本科	刚竹属
斑竹	*Phyllostachys bambusoides* f. *lacrima-deae*	被子植物门	单子叶植物纲	禾本科	刚竹属
淡竹	*Phyllostachys glauca*	被子植物门	单子叶植物纲	禾本科	刚竹属
细叶早熟禾	*Poa pratensis* subsp. *angustifolia*	被子植物门	单子叶植物纲	禾本科	早熟禾属
山地早熟禾	*Poa versicolor* subsp. *orinosa*	被子植物门	单子叶植物纲	禾本科	早熟禾属
早熟禾	*Poa annua*	被子植物门	单子叶植物纲	禾本科	早熟禾属
林地早熟禾	*Poa nemoralis*	被子植物门	单子叶植物纲	禾本科	早熟禾属
普通早熟禾	*Poa trivialis*	被子植物门	单子叶植物纲	禾本科	早熟禾属
北京隐子草	*Cleistogenes hancei*	被子植物门	单子叶植物纲	禾本科	隐子草属

续表

种名	学名	门	纲	科	属
朝阳隐子草	*Cleistogenes hackelii*	被子植物门	单子叶植物纲	禾本科	隐子草属
丛生隐子草	*Cleistogenes caespitosa*	被子植物门	单子叶植物纲	禾本科	隐子草属
糙隐子草	*Cleistogenes squarrosa*	被子植物门	单子叶植物纲	禾本科	隐子草属
棒头草	*Polypogon fugax*	被子植物门	单子叶植物纲	禾本科	棒头草属
假苇拂子茅	*Calamagrostis pseudophragmites*	被子植物门	单子叶植物纲	禾本科	拂子茅属
鸭茅	*Dactylis glomerata*	被子植物门	单子叶植物纲	禾本科	鸭茅属
大狗尾草	*Setaria faberi*	被子植物门	单子叶植物纲	禾本科	狗尾草属
狗尾草	*Setaria viridis*	被子植物门	单子叶植物纲	禾本科	狗尾草属
金色狗尾草	*Setaria pumila*	被子植物门	单子叶植物纲	禾本科	狗尾草属
鬼蜡烛	*Phleum paniculatum*	被子植物门	单子叶植物纲	禾本科	梯牧草属
看麦娘	*Alopecurus aequalis*	被子植物门	单子叶植物纲	禾本科	看麦娘属
黄背草	*Themeda triandra*	被子植物门	单子叶植物纲	禾本科	菅属
异型莎草	*Cyperus difformis*	被子植物门	单子叶植物纲	莎草科	莎草属
白鳞莎草	*Cyperus nipponicus*	被子植物门	单子叶植物纲	莎草科	莎草属
水莎草	*Cyperus serotinus*	被子植物门	单子叶植物纲	莎草科	莎草属
香附子	*Cyperus rotundus*	被子植物门	单子叶植物纲	莎草科	莎草属
褐穗莎草	*Cyperus fuscus*	被子植物门	单子叶植物纲	莎草科	莎草属
红鳞扁莎	*Pycreus sanguinolentus*	被子植物门	单子叶植物纲	莎草科	扁莎属
球穗扁莎	*Pycreus flavidus*	被子植物门	单子叶植物纲	莎草科	扁莎属
水葱	*Schoenoplectus tabernaemontani*	被子植物门	单子叶植物纲	莎草科	水葱属
三棱水葱	*Schoenoplectus triqueter*	被子植物门	单子叶植物纲	莎草科	水葱属
荆三棱	*Bolboschoenus yagara*	被子植物门	单子叶植物纲	莎草科	三棱草属
扁秆荆三棱	*Bolboschoenus planiculmis*	被子植物门	单子叶植物纲	莎草科	三棱草属
头状穗莎草	*Cyperus glomeratus*	被子植物门	单子叶植物纲	莎草科	莎草属
具刚毛荸荠	*Eleocharis valleculosa* var. *setosa*	被子植物门	单子叶植物纲	莎草科	荸荠属
双穗飘拂草	*Fimbristylis subbispicata*	被子植物门	单子叶植物纲	莎草科	飘拂草属

续表

种名	学名	门	纲	科	属
水虱草	*Fimbristylis littoralis*	被子植物门	单子叶植物纲	莎草科	飘拂草属
太行山藨草	*Trichophorum schansiense*	被子植物门	单子叶植物纲	莎草科	藨草属
矮丛薹草	*Carex callitrichos* var. *nana*	被子植物门	单子叶植物纲	莎草科	薹草属
白颖薹草	*Carex duriuscula* subsp. *rigescens*	被子植物门	单子叶植物纲	莎草科	薹草属
大披针薹草	*Carex lanceolata*	被子植物门	单子叶植物纲	莎草科	薹草属
亚柄薹草	*Carex lanceolata* var. *subpediformis*	被子植物门	单子叶植物纲	莎草科	薹草属
青绿薹草	*Carex breviculmis*	被子植物门	单子叶植物纲	莎草科	薹草属
异鳞薹草	*Carex heterolepis*	被子植物门	单子叶植物纲	莎草科	薹草属
皱果薹草	*Carex dispalata*	被子植物门	单子叶植物纲	莎草科	薹草属
叉齿薹草	*Carex gotoi*	被子植物门	单子叶植物纲	莎草科	薹草属
矮生薹草	*Carex pumila*	被子植物门	单子叶植物纲	莎草科	薹草属
鸭跖草	*Commelina communis*	被子植物门	单子叶植物纲	鸭跖草科	鸭跖草属
饭包草	*Commelina benghalensis*	被子植物门	单子叶植物纲	鸭跖草科	鸭跖草属
雨久花	*Monochoria korsakowii*	被子植物门	单子叶植物纲	雨久花科	雨久花属
北马兜铃	*Aristolochia contorta*	被子植物门	双子叶植物纲	马兜铃科	马兜铃属
玉兰	*Yulania denudata*	被子植物门	双子叶植物纲	木兰科	木兰属
金鱼藻	*Ceratophyllum demersum*	被子植物门	双子叶植物纲	金鱼藻科	金鱼藻属
蝙蝠葛	*Menispermum dauricum*	被子植物门	双子叶植物纲	防己科	蝙蝠葛属
木防己	*Cocculus orbiculatus*	被子植物门	双子叶植物纲	防己科	木防己属
牛扁	*Aconitum barbatum* var. *puberulum*	被子植物门	双子叶植物纲	毛茛科	乌头属
大火草	*Anemone tomentosa*	被子植物门	双子叶植物纲	毛茛科	银莲花属
河北耧斗菜	*Aquilegia hebeica*	被子植物门	双子叶植物纲	毛茛科	耧斗菜属
华北耧斗菜	*Aquilegia yabeana*	被子植物门	双子叶植物纲	毛茛科	耧斗菜属
大叶铁线莲	*Clematis heracleifolia*	被子植物门	双子叶植物纲	毛茛科	铁线莲属
太行铁线莲	*Clematis kirilowii*	被子植物门	双子叶植物纲	毛茛科	铁线莲属
钝萼铁线莲	*Clematis peterae*	被子植物门	双子叶植物纲	毛茛科	铁线莲属

续表

种名	学名	门	纲	科	属
粗齿铁线莲	*Clematis grandidentata*	被子植物门	双子叶植物纲	毛茛科	铁线莲属
白头翁	*Pulsatilla chinensis*	被子植物门	双子叶植物纲	毛茛科	白头翁属
毛茛	*Ranunculus japonicus*	被子植物门	双子叶植物纲	毛茛科	毛茛属
展枝唐松草	*Thalictrum squarrosum*	被子植物门	双子叶植物纲	毛茛科	唐松草属
东亚唐松草	*Thalictrum minus* var. *hypoleucum*	被子植物门	双子叶植物纲	毛茛科	唐松草属
三叶木通	*Akebia trifoliata*	被子植物门	双子叶植物纲	木通科	木通属
淫羊藿	*Epimedium brevicornu*	被子植物门	双子叶植物纲	小檗科	淫羊藿属
白屈菜	*Chelidonium majus*	被子植物门	双子叶植物纲	罂粟科	白屈菜属
地丁草	*Corydalis bungeana*	被子植物门	双子叶植物纲	罂粟科	紫堇属
黄堇	*Corydalis pallida*	被子植物门	双子叶植物纲	罂粟科	紫堇属
小花黄堇	*Corydalis racemosa*	被子植物门	双子叶植物纲	罂粟科	紫堇属
小黄紫堇	*Corydalis raddeana*	被子植物门	双子叶植物纲	罂粟科	紫堇属
房山紫堇	*Corydalis fangshanensis*	被子植物门	双子叶植物纲	罂粟科	紫堇属
紫堇	*Corydalis edulis*	被子植物门	双子叶植物纲	罂粟科	紫堇属
秃疮花	*Dicranostigma leptopodum*	被子植物门	双子叶植物纲	罂粟科	秃疮花属
角茴香	*Hypecoum erectum*	被子植物门	双子叶植物纲	罂粟科	角茴香属
小果博落回	*Macleaya microcarpa*	被子植物门	双子叶植物纲	罂粟科	博落回属
睡莲	*Nymphaea tetragona*	被子植物门	双子叶植物纲	睡莲科	睡莲属
莲	*Nelumbo nucifera*	被子植物门	双子叶植物纲	莲科	莲属
黄杨	*Buxus sinica*	被子植物门	双子叶植物纲	黄杨科	黄杨属
小叶黄杨	*Buxus sinica* var. *parvifolia*	被子植物门	双子叶植物纲	黄杨科	黄杨属
碎花溲疏	*Deutzia parviflora* var. *micrantha*	被子植物门	双子叶植物纲	虎耳草科	溲疏属
小花溲疏	*Deutzia parviflora*	被子植物门	双子叶植物纲	虎耳草科	溲疏属
钩齿溲疏	*Deutzia baroniana*	被子植物门	双子叶植物纲	虎耳草科	溲疏属
毛萼山梅花	*Philadelphus dasycalyx*	被子植物门	双子叶植物纲	虎耳草科	山梅花属
太平花	*Philadelphus pekinensis*	被子植物门	双子叶植物纲	虎耳草科	山梅花属
虎耳草	*Saxifraga stolonifera*	被子植物门	双子叶植物纲	虎耳草科	虎耳草属

续表

种名	学名	门	纲	科	属
瓦松	*Orostachys fimbriata*	被子植物门	双子叶植物纲	景天科	瓦松属
二球悬铃木	*Platanus acerifolia*	被子植物门	双子叶植物纲	悬铃木科	悬铃木属
费菜	*Phedimus aizoon*	被子植物门	双子叶植物纲	景天科	费菜属
堪察加费菜	*Phedimus kamtschaticus*	被子植物门	双子叶植物纲	景天科	费菜属
佛甲草	*Sedum lineare*	被子植物门	双子叶植物纲	景天科	景天属
垂盆草	*Sedum Sarmentosum*	被子植物门	双子叶植物纲	景天科	景天属
芍药	*Paeonia lactiflora*	被子植物门	双子叶植物纲	芍药科	芍药属
穗状狐尾藻	*Myriophyllum spicatum*	被子植物门	双子叶植物纲	小二仙草科	狐尾藻属
乌头叶蛇葡萄	*Ampelopsis aconitifolia*	被子植物门	双子叶植物纲	葡萄科	蛇葡萄属
三裂蛇葡萄	*Ampelopsis delavayana*	被子植物门	双子叶植物纲	葡萄科	蛇葡萄属
蓝果蛇葡萄	*Ampelopsis bodinieri*	被子植物门	双子叶植物纲	葡萄科	蛇葡萄属
白蔹	*Ampelopsis japonica*	被子植物门	双子叶植物纲	葡萄科	蛇葡萄属
葎叶蛇葡萄	*Ampelopsis humulifolia*	被子植物门	双子叶植物纲	葡萄科	蛇葡萄属
掌裂蛇葡萄	*Ampelopsis delavayana* var. *glabra*	被子植物门	双子叶植物纲	葡萄科	蛇葡萄属
乌蔹莓	*Cayratia japonica*	被子植物门	双子叶植物纲	葡萄科	乌蔹莓属
地锦	*Parthenocissus tricuspidata*	被子植物门	双子叶植物纲	葡萄科	地锦属
三叶地锦	*Parthenocissus semicordata*	被子植物门	双子叶植物纲	葡萄科	地锦属
五叶地锦	*Parthenocissus quinquefolia*	被子植物门	双子叶植物纲	葡萄科	地锦属
变叶葡萄	*Vitis piasezkii*	被子植物门	双子叶植物纲	葡萄科	葡萄属
山葡萄	*Vtis amurensis*	被子植物门	双子叶植物纲	葡萄科	葡萄属
华东葡萄	*Vitis pseudoreticulata*	被子植物门	双子叶植物纲	葡萄科	葡萄属
葡萄	*Vitis vinifera*	被子植物门	双子叶植物纲	葡萄科	葡萄属
毛葡萄	*Vitis heyneana*	被子植物门	双子叶植物纲	葡萄科	葡萄属
桑叶葡萄	*Vitis heyneana* subsp. *ficifolia*	被子植物门	双子叶植物纲	葡萄科	葡萄属
蒺藜	*Tribulus terrestris*	被子植物门	双子叶植物纲	蒺藜科	蒺藜属

续表

种名	学名	门	纲	科	属
苦皮藤	*Celastrus angulatus*	被子植物门	双子叶植物纲	卫矛科	南蛇藤属
南蛇藤	*Celastrus orbiculatus*	被子植物门	双子叶植物纲	卫矛科	南蛇藤属
卫矛	*Euonymus alatus*	被子植物门	双子叶植物纲	卫矛科	卫矛属
栓翅卫矛	*Euonymus phellomanus*	被子植物门	双子叶植物纲	卫矛科	卫矛属
酢浆草	*Oxalis corniculata*	被子植物门	双子叶植物纲	酢浆草科	酢浆草属
红花酢浆草	*Oxalis corymbosa*	被子植物门	双子叶植物纲	酢浆草科	酢浆草属
铁苋菜	*Acalypha australis*	被子植物门	双子叶植物纲	大戟科	铁苋菜属
甘遂	*Euphorbia kansui*	被子植物门	双子叶植物纲	大戟科	大戟属
大戟	*Euphorbia pekinensis*	被子植物门	双子叶植物纲	大戟科	大戟属
乳浆大戟	*Euphorbia esula*	被子植物门	双子叶植物纲	大戟科	大戟属
泽漆	*Euphorbia helioscopia*	被子植物门	双子叶植物纲	大戟科	大戟属
斑地锦	*Euphorbia maculata*	被子植物门	双子叶植物纲	大戟科	大戟属
地锦	*Euphorbia humifusa*	被子植物门	双子叶植物纲	大戟科	大戟属
雀儿舌头	*Leptopus chinensis*	被子植物门	双子叶植物纲	大戟科	雀舌木属
毛丹麻秆	*Discocleidion rufescens*	被子植物门	双子叶植物纲	大戟科	丹麻杆属
地构叶	*Speranskia tuberculata*	被子植物门	双子叶植物纲	大戟科	地构叶属
紫花地丁	*Viola phiippica*	被子植物门	双子叶植物纲	堇菜科	堇菜属
早开堇菜	*Viola prionantha*	被子植物门	双子叶植物纲	堇菜科	堇菜属
细距堇菜	*Viola tenuicornis*	被子植物门	双子叶植物纲	堇菜科	堇菜属
东北堇菜	*Viola mandshurica*	被子植物门	双子叶植物纲	堇菜科	堇菜属
裂叶堇菜	*Viola dissecta*	被子植物门	双子叶植物纲	堇菜科	堇菜属
北京堇菜	*Viola pekinensis*	被子植物门	双子叶植物纲	堇菜科	堇菜属
毛柄堇菜	*Viola hirtipes*	被子植物门	双子叶植物纲	堇菜科	堇菜属
欧美杨 107	*Populus × euramericana*	被子植物门	双子叶植物纲	杨柳科	杨属
小叶杨	*Populus simonii*	被子植物门	双子叶植物纲	杨柳科	杨属
毛白杨	*Populus tomentosa*	被子植物门	双子叶植物纲	杨柳科	杨属
垂柳	*Salix babylonica*	被子植物门	双子叶植物纲	杨柳科	柳属
旱柳	*Salix matsudana*	被子植物门	双子叶植物纲	杨柳科	柳属

续表

种名	学名	门	纲	科	属
野亚麻	*Linum stelleroides*	被子植物门	双子叶植物纲	亚麻科	亚麻属
合欢	*Albizia julibrissin*	被子植物门	双子叶植物纲	豆科	合欢属
山槐	*Albizia kalkora*	被子植物门	双子叶植物纲	豆科	合欢属
紫穗槐	*Amorpha fruticosa*	被子植物门	双子叶植物纲	豆科	紫穗槐属
两型豆	*Amphicarpaea edgeworthii*	被子植物门	双子叶植物纲	豆科	两型豆属
斜茎黄芪	*Astragalus laxmannii*	被子植物门	双子叶植物纲	豆科	黄芪属
草木樨状黄芪	*Astragalus melilotoides*	被子植物门	双子叶植物纲	豆科	黄芪属
糙叶黄芪	*Astragalus scaberrimus*	被子植物门	双子叶植物纲	豆科	黄芪属
细叶黄芪	*Astragalus tenuis*	被子植物门	双子叶植物纲	豆科	黄芪属
杭子梢	*Campylotropis macrocarpa*	被子植物门	双子叶植物纲	豆科	杭子梢属
红花锦鸡儿	*Caragana rosea*	被子植物门	双子叶植物纲	豆科	锦鸡儿属
紫荆	*Cercis chinensis*	被子植物门	双子叶植物纲	豆科	紫荆属
山皂荚	*Gleditsia japonica*	被子植物门	双子叶植物纲	豆科	皂荚属
野皂荚	*Gleditsia* microphylla	被子植物门	双子叶植物纲	豆科	皂荚属
皂荚	*Gleditsia sinensis*	被子植物门	双子叶植物纲	豆科	皂荚属
太行米口袋	*Gueldenstaedtia taihangensis*	被子植物门	双子叶植物纲	豆科	米口袋属
米口袋	*Gueldenstaedtia verna*	被子植物门	双子叶植物纲	豆科	米口袋属
野大豆	*Glycine soja*	被子植物门	双子叶植物纲	豆科	大豆属
多花木蓝	*Indigofera amblyantha*	被子植物门	双子叶植物纲	豆科	木蓝属
河北木蓝	*Indigofera bungeana*	被子植物门	双子叶植物纲	豆科	木蓝属
长萼鸡眼草	*Kummerowia stipulacea*	被子植物门	双子叶植物纲	豆科	鸡眼草属
鸡眼草	*Kummerowia striata*	被子植物门	双子叶植物纲	豆科	鸡眼草属
胡枝子	*Lespedeza bicolor*	被子植物门	双子叶植物纲	豆科	胡枝子属
绿叶胡枝子	*Lespedeza buergeri*	被子植物门	双子叶植物纲	豆科	胡枝子属
短梗胡枝子	*Lespedeza cyrtobotrya*	被子植物门	双子叶植物纲	豆科	胡枝子属
大叶胡枝子	*Lespedeza davidii*	被子植物门	双子叶植物纲	豆科	胡枝子属
兴安胡枝子	*Lespedeza davurica*	被子植物门	双子叶植物纲	豆科	胡枝子属
多花胡枝子	*Lespedeza floribunda*	被子植物门	双子叶植物纲	豆科	胡枝子属

续表

种名	学名	门	纲	科	属
美丽胡枝子	*Lespedeza thunbergii* subsp. *formosa*	被子植物门	双子叶植物纲	豆科	胡枝子属
长叶胡枝子	*Lespedeza caraganae*	被子植物门	双子叶植物纲	豆科	胡枝子属
截叶铁扫帚	*Lespedeza cuneata*	被子植物门	双子叶植物纲	豆科	胡枝子属
尖叶铁扫帚	*Lespedeza juncea*	被子植物门	双子叶植物纲	豆科	胡枝子属
天蓝苜蓿	*Medicago lupulina*	被子植物门	双子叶植物纲	豆科	苜蓿属
小苜蓿	*Medicago minima*	被子植物门	双子叶植物纲	豆科	苜蓿属
苜蓿	*Medicago sativa*	被子植物门	双子叶植物纲	豆科	苜蓿属
花苜蓿	*Medicago ruthenica*	被子植物门	双子叶植物纲	豆科	苜蓿属
印度草木樨	*Melilotus indicus*	被子植物门	双子叶植物纲	豆科	草木樨属
草木樨	*Melilotus officinalis*	被子植物门	双子叶植物纲	豆科	草木樨属
二色棘豆	*Oxytropis bicolor*	被子植物门	双子叶植物纲	豆科	棘豆属
黄毛棘豆	*Oxytropis ochrantha*	被子植物门	双子叶植物纲	豆科	棘豆属
葛	*Pueraria montana* var. *lobata*	被子植物门	双子叶植物纲	豆科	葛属
刺槐	*Robinia pseudoacacia*	被子植物门	双子叶植物纲	豆科	刺槐属
苦参	*Sophora flavescens*	被子植物门	双子叶植物纲	豆科	苦参属
白刺花	*Sophora davidii*	被子植物门	双子叶植物纲	豆科	苦参属
槐	*Styphnolobium japonicum*	被子植物门	双子叶植物纲	豆科	槐属
龙爪槐	*Styphnolobium japonicum* ‘Pendula’	被子植物门	双子叶植物纲	豆科	槐属
白车轴草	*Trifolium repens*	被子植物门	双子叶植物纲	豆科	车轴草属
山野豌豆	*Vicia amoena*	被子植物门	双子叶植物纲	豆科	野豌豆属
大花野豌豆	*Vicia bungei*	被子植物门	双子叶植物纲	豆科	野豌豆属
广布野豌豆	*Vicia cracca*	被子植物门	双子叶植物纲	豆科	野豌豆属
救荒野豌豆	*Vicia sativa*	被子植物门	双子叶植物纲	豆科	野豌豆属
歪头菜	*Vicia unijuga*	被子植物门	双子叶植物纲	豆科	野豌豆属
紫藤	*Wisteria sinensis*	被子植物门	双子叶植物纲	豆科	紫藤属
西伯利亚远志	*Polygala sibirica*	被子植物门	双子叶植物纲	远志科	远志属

续表

种名	学名	门	纲	科	属
远志	*Polygala tenuifolia*	被子植物门	双子叶植物纲	远志科	远志属
大麻	*Cannabis sativa*	被子植物门	双子叶植物纲	大麻科	大麻属
葎草	*Humulus scandens*	被子植物门	双子叶植物纲	大麻科	葎草属
牛奶子	*Elaeagnus umbellata*	被子植物门	双子叶植物纲	胡颓子科	胡颓子属
沙枣	*Elaeagnus angustifolia*	被子植物门	双子叶植物纲	胡颓子科	胡颓子属
翅果油树	*Elaeagnus mollis*	被子植物门	双子叶植物纲	胡颓子科	胡颓子属
八角麻	*Boehmeria platanifolia*	被子植物门	双子叶植物纲	荨麻科	苎麻属
小赤麻	*Boehmeria spicata*	被子植物门	双子叶植物纲	荨麻科	苎麻属
赤麻	*Boehmeria silvestrii*	被子植物门	双子叶植物纲	荨麻科	苎麻属
蝎子草	*Girardinia diversifolia* subsp. *suborbiculata*	被子植物门	双子叶植物纲	荨麻科	蝎子草属
艾麻	*Laportea cuspidata*	被子植物门	双子叶植物纲	荨麻科	艾麻属
透茎冷水花	*Pilea pumila*	被子植物门	双子叶植物纲	荨麻科	冷水花属
龙芽草	*Agrimonia pilosa*	被子植物门	双子叶植物纲	蔷薇科	龙芽草属
山桃	*Prunus davidiana*	被子植物门	双子叶植物纲	蔷薇科	李属
桃	*Prunus persica*	被子植物门	双子叶植物纲	蔷薇科	李属
榆叶梅	*Prunus triloba*	被子植物门	双子叶植物纲	蔷薇科	李属
山杏	*Prunus sibirica*	被子植物门	双子叶植物纲	蔷薇科	李属
杏	*Prunus armeniaca*	被子植物门	双子叶植物纲	蔷薇科	李属
野杏	*Prunus armeniaca* var. *ansu*	被子植物门	双子叶植物纲	蔷薇科	李属
欧李	*Prunus humilis*	被子植物门	双子叶植物纲	蔷薇科	李属
樱桃	*Prunus pseudocerasus*	被子植物门	双子叶植物纲	蔷薇科	李属
毛樱桃	*Prunus tomentosa*	被子植物门	双子叶植物纲	蔷薇科	李属
李	*Prunus salicina*	被子植物门	双子叶植物纲	蔷薇科	李属
灰栒子	*Cotoneaster acutifolius*	被子植物门	双子叶植物纲	蔷薇科	栒子属
西北栒子	*Cotoneaster zabelii*	被子植物门	双子叶植物纲	蔷薇科	栒子属
山楂	*Crataegus pinnatifida*	被子植物门	双子叶植物纲	蔷薇科	山楂属
山里红	*Crataegus pinnatifida* var. *major*	被子植物门	双子叶植物纲	蔷薇科	山楂属

续表

种名	学名	门	纲	科	属
蛇莓	*Duchesnea indica*	被子植物门	双子叶植物纲	蔷薇科	蛇莓属
红柄白鹃梅	*Exochorda giraldii*	被子植物门	双子叶植物纲	蔷薇科	白鹃梅属
路边青	*Geum aleppicum*	被子植物门	双子叶植物纲	蔷薇科	路边青属
柔毛路边青	*Geum japonicum* var. *chinense*	被子植物门	双子叶植物纲	蔷薇科	路边青属
河南海棠	*Malus honanensis*	被子植物门	双子叶植物纲	蔷薇科	苹果属
山荆子	*Malus baccata*	被子植物门	双子叶植物纲	蔷薇科	苹果属
石楠	*Photinia serratifolia*	被子植物门	双子叶植物纲	蔷薇科	石楠属
三叶委陵菜	*Potentilla freyniana*	被子植物门	双子叶植物纲	蔷薇科	委陵菜属
蛇含委陵菜	*Potentilla kleiniana*	被子植物门	双子叶植物纲	蔷薇科	委陵菜属
多茎委陵菜	*Potentilla multicaulis*	被子植物门	双子叶植物纲	蔷薇科	委陵菜属
朝天委陵菜	*Potentilla supina*	被子植物门	双子叶植物纲	蔷薇科	委陵菜属
细裂委陵菜	*Potentilla chinensis* var. *lineariloba*	被子植物门	双子叶植物纲	蔷薇科	委陵菜属
绢毛匍匐委陵菜	*Potentilla reptans* var. *sericophylla*	被子植物门	双子叶植物纲	蔷薇科	委陵菜属
皱叶委陵菜	*Potentilla ancistrifolia*	被子植物门	双子叶植物纲	蔷薇科	委陵菜属
委陵菜	*Potentilla chinensis*	被子植物门	双子叶植物纲	蔷薇科	委陵菜属
翻白草	*Potentilla discolor*	被子植物门	双子叶植物纲	蔷薇科	委陵菜属
杜梨	*Pyrus betulifolia*	被子植物门	双子叶植物纲	蔷薇科	梨属
白梨	*Pyrus bretschneideri*	被子植物门	双子叶植物纲	蔷薇科	梨属
褐梨	*Pyrus phaeocarpa*	被子植物门	双子叶植物纲	蔷薇科	梨属
木梨	*Pyrus xerophila*	被子植物门	双子叶植物纲	蔷薇科	梨属
豆梨	*Pyrus calleryana*	被子植物门	双子叶植物纲	蔷薇科	梨属
单瓣黄刺玫	*Rosa xanthina* f. *normalis*	被子植物门	双子叶植物纲	蔷薇科	蔷薇属
樱草蔷薇	*Rosa primula*	被子植物门	双子叶植物纲	蔷薇科	蔷薇属
月季花	*Rosa chinensis*	被子植物门	双子叶植物纲	蔷薇科	蔷薇属
野蔷薇	*Rosa multiflora*	被子植物门	双子叶植物纲	蔷薇科	蔷薇属
弓茎悬钩子	*Rubus flosculosus*	被子植物门	双子叶植物纲	蔷薇科	悬钩子属

续表

种名	学名	门	纲	科	属
覆盆子	*Rubus idaeus*	被子植物门	双子叶植物纲	蔷薇科	悬钩子属
插田藨	*Rubus coreanus*	被子植物门	双子叶植物纲	蔷薇科	悬钩子属
牛叠肚	*Rubus crataegifolius*	被子植物门	双子叶植物纲	蔷薇科	悬钩子属
茅莓	*Rubus parvifolius*	被子植物门	双子叶植物纲	蔷薇科	悬钩子属
腺花茅莓	*Rubus parvifolius* var. *adenochlamys*	被子植物门	双子叶植物纲	蔷薇科	悬钩子属
地榆	*Sanguisorba officinalis*	被子植物门	双子叶植物纲	蔷薇科	地榆属
土庄绣线菊	*Spiraea pubescens*	被子植物门	双子叶植物纲	蔷薇科	绣线菊属
中华绣线菊	*Spiraea chinensis*	被子植物门	双子叶植物纲	蔷薇科	绣线菊属
三裂绣线菊	*Spiraea trilobata*	被子植物门	双子叶植物纲	蔷薇科	绣线菊属
李叶绣线菊	*Spiraea prunifolia*	被子植物门	双子叶植物纲	蔷薇科	绣线菊属
构	*Broussonetia papyrifera*	被子植物门	双子叶植物纲	桑科	构属
柘	*Maclura tricuspidata*	被子植物门	双子叶植物纲	桑科	柘属
桑	*Morus alba*	被子植物门	双子叶植物纲	桑科	桑属
蒙桑	*Morus mongolica*	被子植物门	双子叶植物纲	桑科	桑属
山桑	*Morus mongolica* var. *mongolica*	被子植物门	双子叶植物纲	桑科	桑属
多花勾儿茶	*Berchemia floribunda*	被子植物门	双子叶植物纲	鼠李科	勾儿茶属
冻绿	*Rhamnus utilis*	被子植物门	双子叶植物纲	鼠李科	鼠李属
锐齿鼠李	*Rhamnus arguta*	被子植物门	双子叶植物纲	鼠李科	鼠李属
卵叶鼠李	*Rhamnus bungeana*	被子植物门	双子叶植物纲	鼠李科	鼠李属
皱叶鼠李	*Rhamnus rugulosa*	被子植物门	双子叶植物纲	鼠李科	鼠李属
小叶鼠李	*Rhamnus parvifolia*	被子植物门	双子叶植物纲	鼠李科	鼠李属
东北鼠李	*Rhamnus schneideri* var. *manshurica*	被子植物门	双子叶植物纲	鼠李科	鼠李属
少脉雀梅藤	*Sageretia paucicostata*	被子植物门	双子叶植物纲	鼠李科	雀梅藤属
枣	*Ziziphus jujuba*	被子植物门	双子叶植物纲	鼠李科	枣属
酸枣	*Ziziphus jujuba* var. *spinosa*	被子植物门	双子叶植物纲	鼠李科	枣属
黑弹树	*Celtis bungeana*	被子植物门	双子叶植物纲	榆科	朴属

续表

种名	学名	门	纲	科	属
青檀	*Pteroceltis tatarinowii*	被子植物门	双子叶植物纲	榆科	青檀属
兴山榆	*Ulmus bergmanniana*	被子植物门	双子叶植物纲	榆科	榆属
黑榆	*Ulmus davidiana*	被子植物门	双子叶植物纲	榆科	榆属
旱榆	*Ulmus glaucescens*	被子植物门	双子叶植物纲	榆科	榆属
春榆	*Ulmus davidiana* var. *japonica*	被子植物门	双子叶植物纲	榆科	榆属
榆树	*Ulmus pumila*	被子植物门	双子叶植物纲	榆科	榆属
大果榉	*Zelkova sinica*	被子植物门	双子叶植物纲	榆科	榉属
甜瓜	*Cucumis melo*	被子植物门	双子叶植物纲	葫芦科	黄瓜属
马瓟瓜	*Cucumis melo* var. *agrestis*	被子植物门	双子叶植物纲	葫芦科	黄瓜属
秋海棠	*Begonia grandis*	被子植物门	双子叶植物纲	秋海棠科	秋海棠属
中华秋海棠	*Begonia grandis* subsp. *sinensis*	被子植物门	双子叶植物纲	秋海棠科	秋海棠属
胡桃	*Juglans regia*	被子植物门	双子叶植物纲	胡桃科	胡桃属
枫杨	*Pterocarya stenoptera*	被子植物门	双子叶植物纲	胡桃科	枫杨属
鹅耳枥	*Carpinus turczaninowii*	被子植物门	双子叶植物纲	桦木科	鹅耳枥属
榛	*Corylus heterophylla*	被子植物门	双子叶植物纲	桦木科	榛属
槲栎	*Quercus aliena*	被子植物门	双子叶植物纲	壳斗科	栎属
槲树	*Quercus dentata*	被子植物门	双子叶植物纲	壳斗科	栎属
栓皮栎	*Quercus variabilis*	被子植物门	双子叶植物纲	壳斗科	栎属
枹栎	*Quercus serrata*	被子植物门	双子叶植物纲	壳斗科	栎属
蒙古栎	*Quercus mongolica*	被子植物门	双子叶植物纲	壳斗科	栎属
麻栎	*Quercus acutissima*	被子植物门	双子叶植物纲	壳斗科	栎属
牻牛儿苗	*Erodium stephanianum*	被子植物门	双子叶植物纲	牻牛儿苗科	牻牛儿苗属
芹叶牻牛儿苗	*Erodium cicutarium*	被子植物门	双子叶植物纲	牻牛儿苗科	牻牛儿苗属
野老鹳草	*Geranium carolinianum*	被子植物门	双子叶植物纲	牻牛儿苗科	老鹳草属
鼠掌老鹳草	*Geranium sibiricum*	被子植物门	双子叶植物纲	牻牛儿苗科	老鹳草属

续表

种名	学名	门	纲	科	属
老鹳草	*Geranium wilfordii*	被子植物门	双子叶植物纲	牻牛儿苗科	老鹳草属
柳叶菜	*Epilobium hirsutum*	被子植物门	双子叶植物纲	柳叶菜科	柳叶菜属
月见草	*Oenothera biennis*	被子植物门	双子叶植物纲	柳叶菜科	月见草属
小花山桃草	*Gaura parviflora*	被子植物门	双子叶植物纲	柳叶菜科	山桃草属
紫薇	*Lagerstroemia indica*	被子植物门	双子叶植物纲	千屈菜科	紫薇属
千屈菜	*Lythrum salicaria*	被子植物门	双子叶植物纲	千屈菜科	千屈菜属
臭椿	*Ailanthus altisima*	被子植物门	双子叶植物纲	苦木科	臭椿属
苦木	*Picrasma quassioides*	被子植物门	双子叶植物纲	苦木科	苦木属
楝	*Melia azedarach*	被子植物门	双子叶植物纲	楝科	楝属
香椿	*Toona sinensis*	被子植物门	双子叶植物纲	楝科	香椿属
黄栌	*Cotinus coggygria* var. *cinereus*	被子植物门	双子叶植物纲	漆树科	黄栌属
黄连木	*Pistacia chinensis*	被子植物门	双子叶植物纲	漆树科	黄连木属
盐麸木	*Rhus chinensis*	被子植物门	双子叶植物纲	漆树科	盐麸木属
青麸杨	*Rhus potaninii*	被子植物门	双子叶植物纲	漆树科	盐麸木属
火炬树	*Rhus typhina*	被子植物门	双子叶植物纲	漆树科	盐麸木属
元宝槭	*Acer truncatum*	被子植物门	双子叶植物纲	无患子科	槭属
栾	*Koelreuteria paniculata*	被子植物门	双子叶植物纲	无患子科	栾属
臭檀吴萸	*Evodia daniellii*	被子植物门	双子叶植物纲	芸香科	吴茱萸属
花椒	*Zanthoxylum bungeanum*	被子植物门	双子叶植物纲	芸香科	花椒属
竹叶花椒	*Zanthoxylum armatum*	被子植物门	双子叶植物纲	芸香科	花椒属
小花扁担杆	*Grewia biloba* var. *parviflora*	被子植物门	双子叶植物纲	锦葵科	扁担杆属
野西瓜苗	*Hibiscus trionum*	被子植物门	双子叶植物纲	锦葵科	木槿属
苘麻	*Abutilon theophrasti*	被子植物门	双子叶植物纲	锦葵科	苘麻属
蜀葵	*Alcea rosea*	被子植物门	双子叶植物纲	锦葵科	蜀葵属
锦葵	*Malua cathayensis*	被子植物门	双子叶植物纲	锦葵科	锦葵属
野葵	*Malva verticillata*	被子植物门	双子叶植物纲	锦葵科	锦葵属
圆叶锦葵	*Malva pusilla*	被子植物门	双子叶植物纲	锦葵科	锦葵属

续表

种名	学名	门	纲	科	属
硬毛南芥	*Arabis hirsuta*	被子植物门	双子叶植物纲	十字花科	南芥属
垂果南芥	*Arabis pendula*	被子植物门	双子叶植物纲	十字花科	南芥属
小果亚麻荠	*Camelina microcarpa*	被子植物门	双子叶植物纲	十字花科	亚麻荠属
荠	*Capsella bursa-pastoris*	被子植物门	双子叶植物纲	十字花科	荠属
弯曲碎米荠	*Cardamine flexuosa*	被子植物门	双子叶植物纲	十字花科	碎米荠属
粗毛碎米荠	*Cardamine hirsuta*	被子植物门	双子叶植物纲	十字花科	碎米荠属
诸葛菜	*Orychophragmus violaceus*	被子植物门	双子叶植物纲	十字花科	诸葛菜属
离子芥	*Chorispora tenella*	被子植物门	双子叶植物纲	十字花科	离子芥属
播娘蒿	*Descurainia sophia*	被子植物门	双子叶植物纲	十字花科	播娘蒿属
葶苈	*Draba nemorosa*	被子植物门	双子叶植物纲	十字花科	葶苈属
小花糖芥	*Erysimum cheiranthoides*	被子植物门	双子叶植物纲	十字花科	糖芥属
独行菜	*Lepidium apetalum*	被子植物门	双子叶植物纲	十字花科	独行菜属
北美独行菜	*Lepidium virginicum*	被子植物门	双子叶植物纲	十字花科	独行菜属
涩芥	*Malcolmia africana*	被子植物门	双子叶植物纲	十字花科	涩芥属
蔊菜	*Rorippa indica*	被子植物门	双子叶植物纲	十字花科	蔊菜属
沼生蔊菜	*Rorippa palustris*	被子植物门	双子叶植物纲	十字花科	蔊菜属
菥蓂	*Thlaspi arvense*	被子植物门	双子叶植物纲	十字花科	菥蓂属
蚓果芥	*Neotorularia humilis*	被子植物门	双子叶植物纲	十字花科	念珠芥属
川桑寄生	*Taxillus sutchuenensis*	被子植物门	双子叶植物纲	桑寄生科	钝果寄生属
百蕊草	*Thesium chinense*	被子植物门	双子叶植物纲	檀香科	百蕊草属
华北百蕊草	*Thesium cathaicum*	被子植物门	双子叶植物纲	檀香科	百蕊草属
地肤	*Kochia scoparia*	被子植物门	双子叶植物纲	苋科	地肤属
藜	*Chenopodium album*	被子植物门	双子叶植物纲	苋科	藜属
土荆芥	*Chenopodium ambrosioides*	被子植物门	双子叶植物纲	苋科	藜属
杖藜	*Chenopodium giganteum*	被子植物门	双子叶植物纲	苋科	藜属
灰绿藜	*Chenopodium glaucum*	被子植物门	双子叶植物纲	苋科	藜属
小藜	*Chenopodium ficifolium*	被子植物门	双子叶植物纲	苋科	藜属
猪毛菜	*Salsola collina*	被子植物门	双子叶植物纲	苋科	猪毛菜属

续表

种名	学名	门	纲	科	属
牛膝	*Achyranthes bidentata*	被子植物门	双子叶植物纲	苋科	牛膝属
反枝苋	*Amaranthus retroflexus*	被子植物门	双子叶植物纲	苋科	苋属
皱果苋	*Amaranthus viridis*	被子植物门	双子叶植物纲	苋科	苋属
刺苋	*Amaranthus spinosus*	被子植物门	双子叶植物纲	苋科	苋属
凹头苋	*Amaranthus blitum*	被子植物门	双子叶植物纲	苋科	苋属
北美苋	*Amaranthus blitoides*	被子植物门	双子叶植物纲	苋科	苋属
腋花苋	*Amaranthus roxburghianus*	被子植物门	双子叶植物纲	苋科	苋属
苋	*Amaranthus tricolor*	被子植物门	双子叶植物纲	苋科	苋属
喜旱莲子草	*Alternanthera philoxeroides*	被子植物门	双子叶植物纲	苋科	莲子草属
青葙	*Celosia argentea*	被子植物门	双子叶植物纲	苋科	青葙属
柽柳	*Tamarix chinensis*	被子植物门	双子叶植物纲	柽柳科	柽柳属
马齿苋	*Portulaca oleracea*	被子植物门	双子叶植物纲	马齿苋科	马齿苋属
紫茉莉	*Mirabilis jalapa*	被子植物门	双子叶植物纲	紫茉莉科	紫茉莉属
麦瓶草	*Silene conoidea*	被子植物门	双子叶植物纲	石竹科	蝇子草属
石生蝇子草	*Silene tatarinowii*	被子植物门	双子叶植物纲	石竹科	蝇子草属
鹤草	*Silene fortunei*	被子植物门	双子叶植物纲	石竹科	蝇子草属
无瓣繁缕	*Stellaria pallida*	被子植物门	双子叶植物纲	石竹科	繁缕属
繁缕	*Stellaria media*	被子植物门	双子叶植物纲	石竹科	繁缕属
沼生繁缕	*Stellaria palustris*	被子植物门	双子叶植物纲	石竹科	繁缕属
无心菜	*Arenaria serpyllifolia*	被子植物门	双子叶植物纲	石竹科	无心菜属
簇生泉卷耳	*Cerastium fontanum* subsp. *vulgare*	被子植物门	双子叶植物纲	石竹科	卷耳属
球序卷耳	*Cerastium glomeratum*	被子植物门	双子叶植物纲	石竹科	卷耳属
石竹	*Dianthus chinensis*	被子植物门	双子叶植物纲	石竹科	石竹属
瞿麦	*Dianthus superbus*	被子植物门	双子叶植物纲	石竹科	石竹属
麦蓝菜	*Gypsophila vaccaria*	被子植物门	双子叶植物纲	石竹科	石头花属
鹅肠菜	*Myosoton aquaticum*	被子植物门	双子叶植物纲	石竹科	鹅肠菜属
蔓孩儿参	*Pseudostellaria davidii*	被子植物门	双子叶植物纲	石竹科	孩儿参属
孩儿参	*Pseudostellaria heterophylla*	被子植物门	双子叶植物纲	石竹科	孩儿参属

续表

种名	学名	门	纲	科	属
荞麦	*Fagopyrum esculentum*	被子植物门	双子叶植物纲	蓼科	荞麦属
萹蓄	*Polygonum aviculare*	被子植物门	双子叶植物纲	蓼科	蓼属
长鬃蓼	*Polygonum longisetum*	被子植物门	双子叶植物纲	蓼科	蓼属
春蓼	*Persicaria maculosa*	被子植物门	双子叶植物纲	蓼科	蓼属
丛枝蓼	*Polygonum posumbu*	被子植物门	双子叶植物纲	蓼科	蓼属
两栖蓼	*Polygonum amphibium*	被子植物门	双子叶植物纲	蓼科	蓼属
水蓼	*Polygonum hydropiper*	被子植物门	双子叶植物纲	蓼科	蓼属
酸模叶蓼	*Polygonum lapathifolium*	被子植物门	双子叶植物纲	蓼科	蓼属
尼泊尔蓼	*Polygonum nepalense*	被子植物门	双子叶植物纲	蓼科	蓼属
扛板归	*Polygonum perfoliatum*	被子植物门	双子叶植物纲	蓼科	蓼属
习见蓼	*Polygonum plebeium*	被子植物门	双子叶植物纲	蓼科	蓼属
翼蓼	*Pteroxygonum giraldii*	被子植物门	双子叶植物纲	蓼科	翼蓼属
皱叶酸模	*Rumex crispus*	被子植物门	双子叶植物纲	蓼科	酸模属
齿果酸模	*Rumex dentatus*	被子植物门	双子叶植物纲	蓼科	酸模属
巴天酸模	*Rumex patientia*	被子植物门	双子叶植物纲	蓼科	酸模属
毛脉首乌	*Pleuropterus ciliinervis*	被子植物门	双子叶植物纲	蓼科	何首乌属
何首乌	*Pleuropterus multiflorus*	被子植物门	双子叶植物纲	蓼科	何首乌属
齿翅蓼	*Fallopia dentatoalata*	被子植物门	双子叶植物纲	蓼科	何首乌属
虎杖	*Reynoutria japonica*	被子植物门	双子叶植物纲	蓼科	虎杖属
商陆	*Phytolacca acinosa*	被子植物门	双子叶植物纲	商陆科	商陆属
垂序商陆	*Phytolacca americana*	被子植物门	双子叶植物纲	商陆科	商陆属
蓝雪花	*Ceratostigma plumbaginoides*	被子植物门	双子叶植物纲	白花丹科	蓝雪花属
野茉莉	*Styrax japonicus*	被子植物门	双子叶植物纲	安息香科	安息香属
点地梅	*Androsace umbellata*	被子植物门	双子叶植物纲	报春花科	点地梅属
狼尾花	*Lysimachia barystachys*	被子植物门	双子叶植物纲	报春花科	珍珠菜属
矮桃	*Lysimachia clethroides*	被子植物门	双子叶植物纲	报春花科	珍珠菜属
狭叶珍珠菜	*Lysimachia pentapetala*	被子植物门	双子叶植物纲	报春花科	珍珠菜属
照山白	*Rhododendron micranthum*	被子植物门	双子叶植物纲	杜鹃花科	杜鹃属

续表

种名	学名	门	纲	科	属
凤仙花	*Impatiens balsamina*	被子植物门	双子叶植物纲	凤仙花科	凤仙花属
柿	*Diospyros kaki*	被子植物门	双子叶植物纲	柿科	柿属
君迁子	*Diospyros lotus*	被子植物门	双子叶植物纲	柿科	柿属
杜仲	*Eucommia ulmoides*	被子植物门	双子叶植物纲	杜仲科	杜仲属
曼陀罗	*Datura stramonium*	被子植物门	双子叶植物纲	茄科	曼陀罗属
毛曼陀罗	*Datura innoxia*	被子植物门	双子叶植物纲	茄科	曼陀罗属
枸杞	*Lycium chinense*	被子植物门	双子叶植物纲	茄科	枸杞属
酸浆	*Alkekengi officinarum*	被子植物门	双子叶植物纲	茄科	酸浆属
小酸浆	*Physalis minima*	被子植物门	双子叶植物纲	茄科	洋酸浆属
青杞	*Solanum septemlobum*	被子植物门	双子叶植物纲	茄科	茄属
龙葵	*Solanum nigrum*	被子植物门	双子叶植物纲	茄科	茄属
白英	*Solanum lyratum*	被子植物门	双子叶植物纲	茄科	茄属
打碗花	*Calystegia hederacea*	被子植物门	双子叶植物纲	旋花科	打碗花属
藤长苗	*Calystegia pellita*	被子植物门	双子叶植物纲	旋花科	打碗花属
旋花	*Calystegia sepium*	被子植物门	双子叶植物纲	旋花科	打碗花属
田旋花	*Convolvulus arvensis*	被子植物门	双子叶植物纲	旋花科	旋花属
北鱼黄草	*Merremia sibirica*	被子植物门	双子叶植物纲	旋花科	鱼黄草属
金灯藤	*Cuscuta japonica*	被子植物门	双子叶植物纲	旋花科	菟丝子属
啤酒花菟丝子	*Cuscuta lupuliformis*	被子植物门	双子叶植物纲	旋花科	菟丝子属
三裂叶薯	*Ipomoea triloba*	被子植物门	双子叶植物纲	旋花科	虎掌藤属
牵牛	*Ipomoea nil*	被子植物门	双子叶植物纲	旋花科	虎掌藤属
圆叶牵牛	*Ipomoea purpurea*	被子植物门	双子叶植物纲	旋花科	虎掌藤属
徐长卿	*Vincetoxicum pycnostelma*	被子植物门	双子叶植物纲	夹竹桃科	白前属
鹅绒藤	*Cynanchum chinense*	被子植物门	双子叶植物纲	夹竹桃科	鹅绒藤属
地梢瓜	*Cynanchum thesioides*	被子植物门	双子叶植物纲	夹竹桃科	鹅绒藤属
萝藦	*Cynanchum rostellatum*	被子植物门	双子叶植物纲	夹竹桃科	鹅绒藤属
杠柳	*Periploca sepium*	被子植物门	双子叶植物纲	夹竹桃科	杠柳属

续表

种名	学名	门	纲	科	属
络石	*Trachelospermum jasminoides*	被子植物门	双子叶植物纲	夹竹桃科	络石属
鳞叶龙胆	*Gentiana squarrosa*	被子植物门	双子叶植物纲	龙胆科	龙胆属
拉拉藤	*Galium spurium*	被子植物门	双子叶植物纲	茜草科	拉拉藤属
麦仁珠	*Galium tricornutum*	被子植物门	双子叶植物纲	茜草科	拉拉藤属
蓬子菜	*Galium verum*	被子植物门	双子叶植物纲	茜草科	拉拉藤属
四叶葎	*Galium bungei*	被子植物门	双子叶植物纲	茜草科	拉拉藤属
六叶葎	*Galium hoffmeisteri*	被子植物门	双子叶植物纲	茜草科	拉拉藤属
薄皮木	*Leptodermis oblonga*	被子植物门	双子叶植物纲	茜草科	野丁香属
鸡屎藤	*Paederia foetida*	被子植物门	双子叶植物纲	茜草科	鸡屎藤属
茜草	*Rubia cordifolia*	被子植物门	双子叶植物纲	茜草科	茜草属
林生茜草	*Rubia sylvatica*	被子植物门	双子叶植物纲	茜草科	茜草属
卵叶茜草	*Rubia ovatifolia*	被子植物门	双子叶植物纲	茜草科	茜草属
车前	*Plantago asiatica*	被子植物门	双子叶植物纲	车前科	车前属
大车前	*Plantago major*	被子植物门	双子叶植物纲	车前科	车前属
北美车前	*Plantago virginica*	被子植物门	双子叶植物纲	车前科	车前属
平车前	*Plantago depressa*	被子植物门	双子叶植物纲	车前科	车前属
毛平车前	*Plantago depressa* subsp. *turczaninowii*	被子植物门	双子叶植物纲	车前科	车前属
长叶车前	*Plantago lanceolata*	被子植物门	双子叶植物纲	车前科	车前属
阿拉伯婆婆纳	*Veronica persica*	被子植物门	双子叶植物纲	车前科	婆婆纳属
直立婆婆纳	*Veronica arvensis*	被子植物门	双子叶植物纲	车前科	婆婆纳属
臭牡丹	*Clerodendrum bungei*	被子植物门	双子叶植物纲	唇形科	大青属
海州常山	*Clerodendrum trichotomum*	被子植物门	双子叶植物纲	唇形科	大青属
黄荆	*Vitex negundo*	被子植物门	双子叶植物纲	唇形科	牡荆属
荆条	*Vitex negundo* var. *heterophylla*	被子植物门	双子叶植物纲	唇形科	牡荆属
牡荆	*Vitex negundo* var. *cannabifolia*	被子植物门	双子叶植物纲	唇形科	牡荆属

续表

种名	学名	门	纲	科	属
藿香	*Agastache rugosa*	被子植物门	双子叶植物纲	唇形科	藿香属
香薷	*Elsholtzia ciliata*	被子植物门	双子叶植物纲	唇形科	香薷属
木香薷	*Elsholtzia stauntonii*	被子植物门	双子叶植物纲	唇形科	香薷属
碎米桠	*Isodon rubescens*	被子植物门	双子叶植物纲	唇形科	香茶菜属
夏至草	*Lagopsis supina*	被子植物门	双子叶植物纲	唇形科	夏至草属
益母草	*Leonurus japonicus*	被子植物门	双子叶植物纲	唇形科	益母草属
细叶益母草	*Leonurus sibiricus*	被子植物门	双子叶植物纲	唇形科	益母草属
錾菜	*Leonurus pseudomacranthus*	被子植物门	双子叶植物纲	唇形科	益母草属
薄荷	*Mentha canadensis*	被子植物门	双子叶植物纲	唇形科	薄荷属
裂叶荆芥	*Schizonepeta tenuifolia*	被子植物门	双子叶植物纲	唇形科	裂叶荆芥属
紫苏	*Perilla frutescens*	被子植物门	双子叶植物纲	唇形科	紫苏属
丹参	*Salvia miltiorrhiza*	被子植物门	双子叶植物纲	唇形科	鼠尾草属
黄芩	*Scutellaria baicalensis*	被子植物门	双子叶植物纲	唇形科	黄芩属
百里香	*Thymus mongolicus*	被子植物门	双子叶植物纲	唇形科	百里香属
筋骨草	*Ajuga ciliata*	被子植物门	双子叶植物纲	唇形科	筋骨草属
线叶筋骨草	*Ajuga linearifolia*	被子植物门	双子叶植物纲	唇形科	筋骨草属
金疮小草	*Ajuga decumbens*	被子植物门	双子叶植物纲	唇形科	筋骨草属
宝盖草	*Lamium amplexicaule*	被子植物门	双子叶植物纲	唇形科	野芝麻属
地笋	*Lycopus lucidus*	被子植物门	双子叶植物纲	唇形科	地笋属
旋蒴苣苔	*Dorcoceras hygrometricum*	被子植物门	双子叶植物纲	苦苣苔科	旋蒴苣苔属
地黄	*Rehmannia glutinosa*	被子植物门	双子叶植物纲	列当科	地黄属
马鞭草	*Verbena officinalis*	被子植物门	双子叶植物纲	马鞭草科	马鞭草属
流苏树	*Chionanthus retusus*	被子植物门	双子叶植物纲	木樨科	流苏树属
连翘	*Forsythia suspensa*	被子植物门	双子叶植物纲	木樨科	连翘属
小叶梣	*Fraxinus bungeana*	被子植物门	双子叶植物纲	木樨科	梣属
白蜡树	*Fraxinus chinensis*	被子植物门	双子叶植物纲	木樨科	梣属
巧玲花	*Syringa pubescens*	被子植物门	双子叶植物纲	木樨科	丁香属

续表

种名	学名	门	纲	科	属
北京丁香	*Syringa reticulata* subsp. *pekinensis*	被子植物门	双子叶植物纲	木樨科	丁香属
迎春花	*Jasminum nudiflorum*	被子植物门	双子叶植物纲	木樨科	素馨属
女贞	*Ligustrum lucidum*	被子植物门	双子叶植物纲	木樨科	女贞属
小叶女贞	*Ligustrum quihoui*	被子植物门	双子叶植物纲	木樨科	女贞属
木樨	*Osmanthus fragrans*	被子植物门	双子叶植物纲	木樨科	木樨属
通泉草	*Mazus pumilus*	被子植物门	双子叶植物纲	通泉草科	通泉草属
凌霄	*Campsis grandiflora*	被子植物门	双子叶植物纲	紫葳科	凌霄属
兰考泡桐	*Paulownia elongata*	被子植物门	双子叶植物纲	泡桐科	泡桐属
毛泡桐	*Paulownia tomentosa*	被子植物门	双子叶植物纲	泡桐科	泡桐属
楸	*Catalpa bungei*	被子植物门	双子叶植物纲	紫葳科	梓属
梓木草	*Lithospermum zollingeri*	被子植物门	双子叶植物纲	紫草科	紫草属
斑种草	*Bothriospermum chinense*	被子植物门	双子叶植物纲	紫草科	斑种草属
多苞斑种草	*Bothriospermum secundum*	被子植物门	双子叶植物纲	紫草科	斑种草属
柔弱斑种草	*Bothriospermum zeylanicum*	被子植物门	双子叶植物纲	紫草科	斑种草属
长柱斑种草	*Bothriospermum longistylum*	被子植物门	双子叶植物纲	紫草科	斑种草属
盾果草	*Thyrocarpus sampsonii*	被子植物门	双子叶植物纲	紫草科	盾果草属
弯齿盾果草	*Thyrocarpus glochidiatus*	被子植物门	双子叶植物纲	紫草科	盾果草属
田紫草	*Lithospermum arvense*	被子植物门	双子叶植物纲	紫草科	紫草属
附地菜	*Trigonotis peduncularis*	被子植物门	双子叶植物纲	紫草科	附地菜属
杏叶沙参	*Adenophora petiolata* subsp. *hunanensis*	被子植物门	双子叶植物纲	桔梗科	沙参属
石沙参	*Adenophora polyantha*	被子植物门	双子叶植物纲	桔梗科	沙参属
荠苨	*Adenophora trachelioides*	被子植物门	双子叶植物纲	桔梗科	沙参属
桔梗	*Platycodon grandiflorus*	被子植物门	双子叶植物纲	桔梗科	桔梗属
牛蒡	*Arctium lappa*	被子植物门	双子叶植物纲	菊科	牛蒡属
黄花蒿	*Artemisia annua*	被子植物门	双子叶植物纲	菊科	蒿属
茵陈蒿	*Artemisia capillaris*	被子植物门	双子叶植物纲	菊科	蒿属
猪毛蒿	*Artemisia scoparia*	被子植物门	双子叶植物纲	菊科	蒿属

续表

种名	学名	门	纲	科	属
白莲蒿	*Artemisia stechmanniana*	被子植物门	双子叶植物纲	菊科	蒿属
辽东蒿	*Artemisia verbenacea*	被子植物门	双子叶植物纲	菊科	蒿属
蒙古蒿	*Artemisia mongolica*	被子植物门	双子叶植物纲	菊科	蒿属
牡蒿	*Artemisia japonica*	被子植物门	双子叶植物纲	菊科	蒿属
南牡蒿	*Artemisia eriopoda*	被子植物门	双子叶植物纲	菊科	蒿属
南艾蒿	*Artemisia verlotorum*	被子植物门	双子叶植物纲	菊科	蒿属
五月艾	*Artemisia indica*	被子植物门	双子叶植物纲	菊科	蒿属
小球花蒿	*Artemisia moorcroftiana*	被子植物门	双子叶植物纲	菊科	蒿属
野艾蒿	*Artemisia lavandulifolia*	被子植物门	双子叶植物纲	菊科	蒿属
阴地蒿	*Artemisia sylvatica*	被子植物门	双子叶植物纲	菊科	蒿属
中亚苦蒿	*Artemisia absinthium*	被子植物门	双子叶植物纲	菊科	蒿属
艾	*Artemisia argyi*	被子植物门	双子叶植物纲	菊科	蒿属
三脉紫菀	*Aster ageratoides*	被子植物门	双子叶植物纲	菊科	紫菀属
紫菀	*Aster tataricus*	被子植物门	双子叶植物纲	菊科	紫菀属
狗娃花	*Aster hispidus*	被子植物门	双子叶植物纲	菊科	紫菀属
砂狗娃花	*Aster meyendorffii*	被子植物门	双子叶植物纲	菊科	紫菀属
阿尔泰狗娃花	*Aster altaicus*	被子植物门	双子叶植物纲	菊科	紫菀属
鞑靼狗娃花	*Aster neobiennis*	被子植物门	双子叶植物纲	菊科	紫菀属
全叶马兰	*Aster pekinensis*	被子植物门	双子叶植物纲	菊科	紫菀属
钻叶紫菀	*Symphyotrichum subulatum*	被子植物门	双子叶植物纲	菊科	联毛紫菀属
苍术	*Atractylodes lancea*	被子植物门	双子叶植物纲	菊科	苍术属
飞廉	*Carduus nutans*	被子植物门	双子叶植物纲	菊科	飞廉属
丝毛飞廉	*Carduus crispus*	被子植物门	双子叶植物纲	菊科	飞廉属
节毛飞廉	*Carduus acanthoides*	被子植物门	双子叶植物纲	菊科	飞廉属
天名精	*Carpesium abrotanoides*	被子植物门	双子叶植物纲	菊科	天名精属
烟管头草	*Carpesium cernuum*	被子植物门	双子叶植物纲	菊科	天名精属
金挖耳	*Carpesium divaricatum*	被子植物门	双子叶植物纲	菊科	天名精属

续表

种名	学名	门	纲	科	属
甘菊	*Chrysanthemum lavandulifolium*	被子植物门	双子叶植物纲	菊科	菊属
菊花	*Chrysanthemum morifolium*	被子植物门	双子叶植物纲	菊科	菊属
小红菊	*Chrysanthemum chanetii*	被子植物门	双子叶植物纲	菊科	菊属
太行菊	*Opisthopappus taihangensis*	被子植物门	双子叶植物纲	菊科	菊属
漏芦	*Rhaponticum uniflorum*	被子植物门	双子叶植物纲	菊科	漏芦属
麻花头	*Klasea centauroides*	被子植物门	双子叶植物纲	菊科	麻花头属
缢苞麻花头	*Klasea centauroides* subsp. *strangulata*	被子植物门	双子叶植物纲	菊科	麻花头属
碗苞麻花头	*Klasea centauroides*	被子植物门	双子叶植物纲	菊科	麻花头属
藿香蓟	*Ageratum conyzoides*	被子植物门	双子叶植物纲	菊科	藿香蓟属
牛口刺	*Cirsium shansiense*	被子植物门	双子叶植物纲	菊科	蓟属
线叶蓟	*Cirsium lineare*	被子植物门	双子叶植物纲	菊科	蓟属
刺儿菜	*Cirsium arvense* var. *integrifolium*	被子植物门	双子叶植物纲	菊科	蓟属
大刺儿菜	*Cirsium arvense* var. *setosum*	被子植物门	双子叶植物纲	菊科	蓟属
风毛菊	*Saussurea japonica*	被子植物门	双子叶植物纲	菊科	风毛菊属
篦苞风毛菊	*Saussurea pectinata*	被子植物门	双子叶植物纲	菊科	风毛菊属
蒙古风毛菊	*Saussurea mongolica*	被子植物门	双子叶植物纲	菊科	风毛菊属
乌苏里风毛菊	*Saussurea ussuriensis*	被子植物门	双子叶植物纲	菊科	风毛菊属
银背风毛菊	*Saussurea nivea*	被子植物门	双子叶植物纲	菊科	风毛菊属
小蓬草	*Erigeron canadensis*	被子植物门	双子叶植物纲	菊科	飞蓬属
香丝草	*Erigeron bonariensis*	被子植物门	双子叶植物纲	菊科	飞蓬属
一年蓬	*Erigeron annuus*	被子植物门	双子叶植物纲	菊科	飞蓬属
鳢肠	*Eclipta prostrata*	被子植物门	双子叶植物纲	菊科	鳢肠属
大丁草	*Leibnitzia anandria*	被子植物门	双子叶植物纲	菊科	大丁草属
泥胡菜	*Hemisteptia lyrata*	被子植物门	双子叶植物纲	菊科	泥胡菜属
华东蓝刺头	*Echinops grijsii*	被子植物门	双子叶植物纲	菊科	蓝刺头属
驴欺口	*Echinops davuricus*	被子植物门	双子叶植物纲	菊科	蓝刺头属

续表

种名	学名	门	纲	科	属
火烙草	*Echinops przewalskyi*	被子植物门	双子叶植物纲	菊科	蓝刺头属
旋覆花	*Inula japonica*	被子植物门	双子叶植物纲	菊科	旋覆花属
线叶旋覆花	*Inula linariifolia*	被子植物门	双子叶植物纲	菊科	旋覆花属
欧亚旋覆花	*Inula britannica*	被子植物门	双子叶植物纲	菊科	旋覆花属
豨莶	*Sigesbeckia orientalis*	被子植物门	双子叶植物纲	菊科	豨莶属
菊芋	*Helianthus tuberosus*	被子植物门	双子叶植物纲	菊科	向日葵属
鬼针草	*Bidens pilosa*	被子植物门	双子叶植物纲	菊科	鬼针草属
金盏银盘	*Bidens biternata*	被子植物门	双子叶植物纲	菊科	鬼针草属
婆婆针	*Bidens bipinnata*	被子植物门	双子叶植物纲	菊科	鬼针草属
小花鬼针草	*Bidens parviflora*	被子植物门	双子叶植物纲	菊科	鬼针草属
大狼耙草	*Bidens frondosa*	被子植物门	双子叶植物纲	菊科	鬼针草属
火绒草	*Leontopodium leontopodioides*	被子植物门	双子叶植物纲	菊科	火绒草属
薄雪火绒草	*Leontopodium japonicum*	被子植物门	双子叶植物纲	菊科	火绒草属
鼠曲草	*Pseudognaphalium affine*	被子植物门	双子叶植物纲	菊科	鼠曲草属
蚂蚱腿子	*Pertya dioica*	被子植物门	双子叶植物纲	菊科	帚菊属
太行菊	*Opisthopappus taihangensis*	被子植物门	双子叶植物纲	菊科	太行菊属
桃叶鸦葱	*Scorzonera sinensis*	被子植物门	双子叶植物纲	菊科	蛇鸦葱属
华北鸦葱	*Scorzonera albicaulis*	被子植物门	双子叶植物纲	菊科	蛇鸦葱属
鸦葱	*Takhtajaniantha austriaca*	被子植物门	双子叶植物纲	菊科	鸦葱属
蒲公英	*Taraxacum mongolicum*	被子植物门	双子叶植物纲	菊科	蒲公英属
斑叶蒲公英	*Taraxacum variegatum*	被子植物门	双子叶植物纲	菊科	蒲公英属
丹东蒲公英	*Taraxacum variegatum*	被子植物门	双子叶植物纲	菊科	蒲公英属
东北蒲公英	*Taraxacum ohwianum*	被子植物门	双子叶植物纲	菊科	蒲公英属
华蒲公英	*Taraxacum sinicum*	被子植物门	双子叶植物纲	菊科	蒲公英属
药用蒲公英	*Taraxacum officinale*	被子植物门	双子叶植物纲	菊科	蒲公英属
翅果菊	*Lactuca indica*	被子植物门	双子叶植物纲	菊科	莴苣属
野莴苣	*Lactuca serriola*	被子植物门	双子叶植物纲	菊科	莴苣属
黄鹌菜	*Youngia japonica*	被子植物门	双子叶植物纲	菊科	黄鹌菜属

续表

种名	学名	门	纲	科	属
续断菊	*Sonchus asper*	被子植物门	双子叶植物纲	菊科	苦苣菜属
苦苣菜	*Sonchus oleraceus*	被子植物门	双子叶植物纲	菊科	苦苣菜属
长裂苦苣菜	*Sonchus brachyotus*	被子植物门	双子叶植物纲	菊科	苦苣菜属
苣荬菜	*Sonchus wightianus*	被子植物门	双子叶植物纲	菊科	苦苣菜属
多色苦荬	*Ixeris chinensis* subsp. *versicolor*	被子植物门	双子叶植物纲	菊科	苦荬菜属
苦荬菜	*Ixeris polycephala*	被子植物门	双子叶植物纲	菊科	苦荬菜属
中华苦荬菜	*Ixeris chinensis*	被子植物门	双子叶植物纲	菊科	苦荬菜属
剪刀股	*Ixeris japonica*	被子植物门	双子叶植物纲	菊科	苦荬菜属
狗舌草	*Tephroseris kirilowii*	被子植物门	双子叶植物纲	菊科	狗舌草属
尖裂假还阳参	*Crepidiastrum sonchifolium*	被子植物门	双子叶植物纲	菊科	假还阳参属
猫耳菊	*Hypochaeris ciliata*	被子植物门	双子叶植物纲	菊科	猫耳菊属
牛膝菊	*Galinsoga parviflora*	被子植物门	双子叶植物纲	菊科	牛膝菊属
香青	*Anaphalis sinica*	被子植物门	双子叶植物纲	菊科	香青属
苍耳	*Xanthium strumarium*	被子植物门	双子叶植物纲	菊科	苍耳属
北柴胡	*Bupleurum chinense*	被子植物门	双子叶植物纲	伞形科	柴胡属
黑柴胡	*Bupleurum smithii*	被子植物门	双子叶植物纲	伞形科	柴胡属
蛇床	*Cnidium monnieri*	被子植物门	双子叶植物纲	伞形科	蛇床属
茴香	*Foeniculum vulgare*	被子植物门	双子叶植物纲	伞形科	茴香属
水芹	*Oenanthe javanica*	被子植物门	双子叶植物纲	伞形科	水芹属
华北前胡	*Peucedanum harry-smithii*	被子植物门	双子叶植物纲	伞形科	前胡属
广序北前胡	*Peucedanum harry-smithii* var. *grande*	被子植物门	双子叶植物纲	伞形科	前胡属
防风	*Saposhnikovia divaricata*	被子植物门	双子叶植物纲	伞形科	防风属
小窃衣	*Torilis japonica*	被子植物门	双子叶植物纲	伞形科	窃衣属
窃衣	*Torilis scabra*	被子植物门	双子叶植物纲	伞形科	窃衣属
野胡萝卜	*Daucus carota*	被子植物门	双子叶植物纲	伞形科	胡萝卜属
条叶岩风	*Libanotis lancifolia*	被子植物门	双子叶植物纲	伞形科	岩风属

续表

种名	学名	门	纲	科	属
藁本	*Conioselinum anthriscoides*	被子植物门	双子叶植物纲	伞形科	山芎属
六道木	*Zabelia biflora*	被子植物门	双子叶植物纲	忍冬科	六道木属
葱皮忍冬	*Lonicera ferdinandi*	被子植物门	双子叶植物纲	忍冬科	忍冬属
金银忍冬	*Lonicera maackii*	被子植物门	双子叶植物纲	忍冬科	忍冬属
苦糖果	*Lonicera fragrantissima* subsp. *standishii*	被子植物门	双子叶植物纲	忍冬科	忍冬属
异叶败酱	*Patrinia heterophylla*	被子植物门	双子叶植物纲	忍冬科	败酱属
败酱	*Patrinia scabiosifolia*	被子植物门	双子叶植物纲	忍冬科	败酱属
异叶败酱	*Patrinia heterophylla*	被子植物门	双子叶植物纲	忍冬科	败酱属
败酱	*Patrinia scabiosifolia*	被子植物门	双子叶植物纲	忍冬科	败酱属
糙叶败酱	*Patrinia scabra*	被子植物门	双子叶植物纲	忍冬科	败酱属
接骨木	*Sambucus williamsii*	被子植物门	双子叶植物纲	五福花科	接骨木属
陕西荚蒾	*Viburnum schensianum*	被子植物门	双子叶植物纲	五福花科	荚蒾属
蔓出卷柏	*Selaginella davidii*	蕨类植物门	石松纲	卷柏科	卷柏属
伏地卷柏	*Selaginella nipponica*	蕨类植物门	石松纲	卷柏科	卷柏属
中华卷柏	*Selaginella sinensis*	蕨类植物门	石松纲	卷柏科	卷柏属
旱生卷柏	*Selaginella stauntoniana*	蕨类植物门	石松纲	卷柏科	卷柏属
卷柏	*Selaginella tamariscina*	蕨类植物门	石松纲	卷柏科	卷柏属
垫状卷柏	*Selaginella pulvinata*	蕨类植物门	石松纲	卷柏科	卷柏属
小卷柏	*Selaginella helvetica*	蕨类植物门	石松纲	卷柏科	卷柏属
问荆	*Equisetum arvense*	蕨类植物门	木贼纲	木贼科	木贼属
草问荆	*Equisetum pratense*	蕨类植物门	木贼纲	木贼科	木贼属
节节草	*Equisetum ramosissimum*	蕨类植物门	木贼纲	木贼科	木贼属
木贼	*Equisetum hyemale*	蕨类植物门	木贼纲	木贼科	木贼属
犬问荆	*Equisetum palustre*	蕨类植物门	木贼纲	木贼科	木贼属
银粉背蕨	*Aleuritopteris argentea*	蕨类植物门	蕨纲	凤尾蕨科	粉背蕨属
陕西粉背蕨	*Aleuritopteris argentea* var. *obscura*	蕨类植物门	蕨纲	凤尾蕨科	粉背蕨属
团羽铁线蕨	*Adiantum capillus-junonis*	蕨类植物门	蕨纲	凤尾蕨科	铁线蕨属

续表

种名	学名	门	纲	科	属
铁线蕨	*Adiantum capillus-veneris*	蕨类植物门	蕨纲	凤尾蕨科	铁线蕨属
日本安蕨	*Anisocampium niponicum*	蕨类植物门	蕨纲	蹄盖蕨科	安蕨属
中华蹄盖蕨	*Athyrium sinense*	蕨类植物门	蕨纲	蹄盖蕨科	蹄盖蕨属
耳羽岩蕨	*Woodsia polystichoides*	蕨类植物门	蕨纲	岩蕨科	岩蕨属
华北岩蕨	*Woodsia hancockii*	蕨类植物门	蕨纲	岩蕨科	岩蕨属
鞭叶耳蕨	*Polystichum craspedosorum*	蕨类植物门	蕨纲	岩蕨科	耳蕨属
贯众	*Cyrtomium fortunei*	蕨类植物门	蕨纲	鳞毛蕨科	贯众属
小羽贯众	*Cyrtomium lonchitoides*	蕨类植物门	蕨纲	鳞毛蕨科	贯众属
稀羽鳞毛蕨	*Dryopteris sparsa*	蕨类植物门	蕨纲	鳞毛蕨科	鳞毛蕨属
腺毛鳞毛蕨	*Dryopteris sericea*	蕨类植物门	蕨纲	鳞毛蕨科	鳞毛蕨属
半岛鳞毛蕨	*Dryopteris peninsulae*	蕨类植物门	蕨纲	鳞毛蕨科	鳞毛蕨属
北京铁角蕨	*Asplenium pekinense*	蕨类植物门	蕨纲	铁角蕨科	铁角蕨属
虎尾铁角蕨	*Asplenium incisum*	蕨类植物门	蕨纲	铁角蕨科	铁角蕨属
华中铁角蕨	*Asplenium sarelii*	蕨类植物门	蕨纲	铁角蕨科	铁角蕨属
西北铁角蕨	*Asplenium nesii*	蕨类植物门	蕨纲	铁角蕨科	铁角蕨属
鳞毛肿足蕨	*Hypodematium squamulosopilosum*	蕨类植物门	蕨纲	肿足蕨科	肿足蕨属
溪洞碗蕨	*Dennstaedtia wilfordii*	蕨类植物门	蕨纲	碗蕨科	碗蕨属
蘋	*Marsilea quadrifolia*	蕨类植物门	蕨纲	蘋科	蘋属

图片展示

蕨类植物

凤尾蕨科

陕西粉背蕨 *Aleuritopteris argentea* var. *obscura*

银粉背蕨 *Aleuritopteris argentea*

铁线蕨 *Adiantum capillus-veneris*

团羽铁线蕨 *Adiantum capillus-junonis*

鳞毛蕨科

贯众 *Cyrtomium fortunei*

木贼科

问荆 *Equisetum arvense*

卷柏科

旱生卷柏 *Selaginella stauntoniana*

卷柏 *Selaginella tamariscina*

中华卷柏 *Selaginella sinensis*

铁角蕨科

北京铁角蕨 *Asplenium pekinense*

西北铁角蕨 *Asplenium nesii*

碗蕨科

溪洞碗蕨 *Dennstaedtia wilfordii*

木本植物

安息香科

野茉莉 *Styrax japonicus*

菝葜科

菝葜 *Smilax china*

短梗菝葜 *Smilax scobinicaulis*

鞘柄菝葜 *Smilax stans*

柽柳科

柽柳 *Tamarix chinensis*

叶下珠科

雀儿舌头 *Leptopus chinensis*

豆科

杭子梢 *Campylotropis macrocarpa*

白刺花 *Sophora davidii*

短梗胡枝子 *Lespedeza cyrtobotrya*

多花胡枝子 *Lespedeza floribunda*

多花木蓝 *Indigofera amblyantha*

葛 *Pueraria montana*

红花锦鸡儿 *Caragana rosea*

胡枝子 *Lespedeza bicolor*

尖叶铁扫帚 *Lespedeza juncea*

山槐 *Albizia kalkora*

杜鹃花科

照山白 *Rhododendron micranthum*

防己科

木防己 *Cocculus orbiculatus*

牛奶子 *Elaeagnus umbellata*

虎耳草科

大花溲疏 *Deutzia grandiflora*

碎花溲疏 *Deutzia parviflora* var. *micrantha*

太平花 *Philadelphus pekinensis*

桦木科

鹅耳枥 *Carpinus turczaninowii*

夹竹桃科

络石 *Trachelospermum jasminoides*

椴树科

小花扁担杆 *Grewia biloba* var. *parviflora*

菊科

蚂蚱腿子 *Myripnois dioica*

壳斗科

槲树 *Quercus dentata*

萝藦科

杠柳 *Periploca sepium*

毛茛科

粗齿铁线莲 *Clematis argentilucida*

钝萼铁线莲 *Clematis peterae*

太行铁线莲 *Clematis kirilowii*

木通科

三叶木通 *Akebia trifoliata*

木樨科

连翘 *Forsythia suspensa*

流苏树 *Chionanthus retusus*

巧玲花 *Syringa pubescens*

小叶梣 *Fraxinus bungeana*

葡萄科

毛葡萄 *Vitis heyneana*

变叶葡萄 *Vitis piasezkii*

槭树科

元宝槭 *Acer truncatum*

茜草科

薄皮木 *Leptodermis oblonga*

蔷薇科

白鹃梅 *Exochorda racemosa*

杜梨 *Pyrus betulifolia*

稠李 *Padus racemosa*

山桃 *Amygdalus davidiana*

山杏 *Armeniaca sibirica*

河南海棠 *Malus honanensis*

粉团蔷薇 *Rosa multiflora* var. *cathayensis*

黄刺玫 *Rosa xanthina*

山楂 *Crataegus pinnatifida*

三裂绣线菊 *Spiraea trilobata*

茅莓 *Rubus parvifolius*

腺花茅莓 *Rubus parvifolius* var. *adenochlamys*

西北栒子 *Cotoneaster zabelii*

毛樱桃 *Cerasus tomentosa*

欧李 *Cerasus humilis*

茄科

枸杞 *Lycium chinense*

忍冬科

北京忍冬 *Lonicera elisae*

葱皮忍冬 *Lonicera ferdinandii*

六道木 *Zabelia biflora*

桑科

构树 *Broussonetia papyrifera papyrifera*

桑 *Morus alba*

柘树 *Cudrania tricuspidata*

柿科

君迁子 *Diospyros lotus*

鼠李科

冻绿 *Rhamnus utilis*

多花勾儿茶 *Berchemia floribunda*

少脉雀梅藤 *Sageretia paucicostata*

酸枣 *Ziziphus jujuba* var. *spinosa*

卫矛科

苦皮藤 *Celastrus angulatus*

南蛇藤 *Celastrus orbiculatus*

栓翅卫矛 *Euonymus phellomanus*

无患子科

栾树 *Koelreuteria paniculata*

忍冬科

陕西荚蒾 *Viburnum schensianum*

木兰科

华中五味子 *Schisandra sphenanthera*

榆科

榔榆 *Ulmus parvifolia*

青檀 *Pteroceltis tatarinowii*

芸香科

竹叶花椒 *Zanthoxylum armatum*

松科

白皮松 *Pinus bungeana*

侧柏 *Platycladus orientalis*

油松 *Pinus tabuliformis*

草本植物

白花丹科

蓝雪花 *Ceratostigma plumbaginoides*

百合科

山丹 *Lilium pumilum*

薤白 *Allium macrostemon*

野韭 *Allium ramosum*

黄精 *Polygonatum sibiricum*

玉竹 *Polygonatum odoratum*

龙须菜 *Asparagus schoberioides*

天门冬 *Asparagus cochinchinensis*

北黄花菜 *Hemerocallis lilioasphodelus*

山麦冬 *Liriope spicata*

败酱科

糙叶败酱 *Patrinia scabra*

报春花科

点地梅 *Androsace umbellata*

狼尾花 *Lysimachia barystachys*

狭叶珍珠菜 *Lysimachia pentapetala*

川续断科

华北蓝盆花 *Scabiosa tschiliensis*

唇形科

薄荷 *Mentha canadensis*

地笋 *Lycopus lucidus*

藿香 *Agastache rugosa*

筋骨草 *Ajuga ciliate*

线叶筋骨草 *Ajuga linearifolia*

紫背金盘 *Ajuga nipponensis*

裂叶荆芥 *Nepeta tenuifolia*

丹参 *Salvia miltiorrhiza*

荔枝草 *Salvia plebeia*

弹刀子菜 *Mazus stachydifolius*

通泉草 *Mazus miquelii*

海州香薷 *Elsholtzia splendens*

紫苏 *Perilla frutescens*

大戟科

斑地锦 *Euphorbia maculata*

地锦 *Euphorbia humifusa*

甘遂 *Euphorbia kansui*

铁苋菜 *Acalypha australis*

大麻科

葎草 *Humulus scandens*

笄石菖 *Juncus prismatocarpus*

豆科

草木樨 *Melilotus officinalis*

野大豆 *Glycine soja*

糙叶黄芪 *Astragalus scaberrimus*

斜茎黄芪 *Astragalus adsurgens*

鸡眼草 *Kummerowia striata*

黄毛棘豆 *Oxytropis ochrantha*

贼小豆 *Vigna minima*

决明 *Cassia tora*

两型豆 *Amphicarpaea bracteata* subsp. *edgeworthii*

米口袋 *Gueldenstaedtia verna*

太行米口袋 *Gueldenstaedtia taihangensis*

大花野豌豆 *Vicia bungei*

广布野豌豆 *Vicia cracca*

歪头菜 *Vicia unijuga*

防己科

蝙蝠葛 *Menispermum dauricum*

浮萍科

浮萍 *Lemna minor*

禾本科

白茅 *Imperata cylindrica*

西来稗 *Echinochloa crusgalli* var. *zelayensis*

长芒稗 *Echinochloa caudata*

棒头草 *Polypogon fugax*

臭草 *Melica scabrosa*

虱子草 *Tragus berteronianus*

假苇拂子茅 *Calamagrostis pseudophragmites*

狗尾草 *Setaria viridis*

金色狗尾草 *Setaria glauca*

狗牙根 *Cynodon dactylon*

黑麦草 *Lolium perenne*

虎尾草 *Chloris virgata*

小画眉草 *Eragrostis minor*

虎尾草 *Chloris virgata*

狗牙根 *Cynodon dactylon*

阿拉伯黄背草 *Themeda triandra*

矛叶荩草 *Arthraxon lanceolatus*

看麦娘 *Alopecurus aequalis*

白羊草 *Bothriochloa ischaemum*

白草 *Pennisetum flaccidum* var. *centrasiaticum*

芦苇 *Phragmites australis*

马唐 *Digitaria sanguinalis*

毛马唐 *Digitaria ciliaris* var. *chrysoblephara*

荻 *Miscanthus sacchariflorus*

求米草 *Oplismenus undulatifolius*

双穗雀稗 *Paspalum paspaloides*

牛筋草 *Eleusine indica*

菵草 *Beckmannia syzigachne*

鸭茅 *Dactylis glomerata*

野燕麦 *Avena fatua*

东方羊茅 *Festuca arundinacea* subsp. *orientalis*

北京隐子草 *Cleistogenes hancei*

丛生隐子草 *Cleistogenes caespitosa*

大油芒 *Spodiopogon sibiricus*

普通早熟禾 *Poa trivialis*

早熟禾 *Poa annua*

黑三棱科

黑三棱 *Sparganium stoloniferum*

蒺藜科

蒺藜 *Tribulus terrestris*

堇菜科

裂叶堇菜 *Viola dissecta*

细距堇菜 *Viola tenuicornis*

早开堇菜 *Viola prionantha*

紫花地丁 *Viola philippica*

锦葵科

锦葵 *Malva cathayensis*

野葵 *Malva verticillata*

圆叶锦葵 *Malva pusilla*

野西瓜苗 *Hibiscus trionum*

苘麻 *Abutilon theophrasti*

蜀葵 *Alcea rosea*

景天科

繁缕景天 *Sedum stellariifolium*

费菜 *Phedimus aizoon*

桔梗科

桔梗 *Platycodon grandiflorus*

菊科

香丝草 *Conyza bonariensis*

小蓬草 *Conyza canadensis*

苍耳 *Xanthium sibiricum*

苍术 *Atractylodes lancea*

北柴胡 *Bupleurum chinense*

翅果菊 *Pterocypsela indica*

大丁草 *Leibnitzia anandria*

丝毛飞廉 *Carduus crispus*

一年蓬 *Erigeron annuus*

篦苞风毛菊 *Saussurea pectinata*

风毛菊 *Saussurea japonica*

鬼针草 *Bidens pilosa*

狼耙草 *Bidens tripartita*

婆婆针 *Bidens bipinnata*

白莲蒿 *Artemisia sacrorum*

黄花蒿 *Artemisia annua*

野艾蒿 *Artemisia lavandulifolia*

茵陈蒿 *Artemisia capillaris*

猪毛蒿 *Artemisia scoparia*

黄鹌菜 *Youngia japonica*

薄雪火绒草 *Leontopodium japonicum*

刺儿菜 *Cirsium setosum*

线叶蓟 *Cirsium lineare*

尖裂假还阳参 *Crepidiastrum sonchifolium*

小红菊 *Chrysanthemum chanetii*

甘菊 *Chrysanthemum lavandulifolium*

花叶滇苦菜 *Sonchus asper*

苦苣菜 *Sonchus oleraceus*

长裂苦苣菜 *Sonchus brachyotus*

火烙草 *Echinops przewalskii*

鳢肠 *Eclipta prostrata*

漏芦 *Stemmacantha uniflora*

路边青 *Geum aleppicum*

麻花头 *Serratula centauroides*

泥胡菜 *Hemistepta lyrata*

缢苞麻花头 *Serratula strangulata*

全叶马兰 *Kalimeris integrifolia*

猫儿菊 *Hypochaeris ciliata*

毛连菜 *Picris hieracioides*

牛膝菊 *Galinsoga parviflora*

蒲公英 *Taraxacum mongolicum*

药用蒲公英 *Taraxacum officinale*

太行菊 *Opisthopappus taihangensis*

天名精 *Carpesium abrotanoides*

烟管头草 *Carpesium cernuum*

野莴苣 *Lactuca seriola*

豨莶 *Siegesbeckia orientalis*

香青 *Anaphalis sinica*

中华苦荬菜 *Ixeridium chinense*

欧亚旋覆花 *Inula britanica*

线叶旋覆花 *Inula lineariifolia*

旋覆花 *Inula japonica*

三脉紫菀 *Aster ageratoides*

钻叶紫菀 *Aster subulatus*

苦苣苔科

旋蒴苣苔 *Boea hygrometrica*

藜科

灰绿藜 *Chenopodium glaucum*

小藜 *Chenopodium serotinum*

猪毛菜 *Salsola collina*

蓼科

何首乌 *Fallopia multiflora*

春蓼 *Polygonum persicaria*

红蓼 *Polygonum orientale*

扛板归 *Polygonum perfoliatum*

水蓼 *Polygonum hydropiper*

长鬃蓼 *Polygonum longisetum*

荞麦 *Fagopy rumesculentum*

柳叶菜科

柳叶菜 *Epilobium hirsutum*

龙胆科

鳞叶龙胆 *Gentiana squarrosa*

萝藦科

白首乌 Cynanchum bungei

地梢瓜 *Cynanchum thesioides*

鹅绒藤 *Cynanchum chinense*

牛皮消 *Cynanchum auriculatum*

萝藦 *Metaplexis japonica*

马齿苋科

马齿苋 *Portulaca oleracea*

马兜铃科

北马兜铃 *Aristolochia contorta*

满江红科

满江红 *Azolla pinnata* subsp. *asiatica*

牻牛儿苗科

老鹳草 *Geranium wilfordii*

鼠掌老鹳草 *Geranium sibiricum*

野老鹳草 *Geranium carolinianum*

牻牛儿苗 *Erodium stephanianum*

毛茛科

白头翁 *Pulsatilla chinensis*

紫花耧斗菜 *Aquilegia viridiflora* f. *atropurpurea*

茴茴蒜 *Ranunculus chinensis*

石龙芮 *Ranunculus sceleratus*

东亚唐松草 *Thalictrum minus* var. *hypoleucum*

大火草 *Anemone tomentosa*

葡萄科

乌蔹莓 *Cayratia japonica*

千屈菜科

鸡屎藤 *Paederia scandens*

茜草科

四叶葎 *Galium bungei*

蔷薇科

地榆 *Sanguisorba officinalis*

龙芽草 *Agrimonia pilosa*

朝天委陵菜 *Potentilla supina*

翻白草 *Potentilla discolor*

蛇莓 *Duchesnea indica*

多茎委陵菜 *Potentilla multicaulis*

多裂委陵菜 *Potentilla multifida*

皱叶委陵菜 *Potentilla ancistrifolia*

等齿委陵菜 *Potentilla simulatrix*

三叶委陵菜 *Potentilla freyniana*

茄科

曼陀罗 *Datura stramonium*

毛曼陀罗 *Datura innoxia*

白英 *Solanum lyratum*

龙葵 *Solanum nigrum*

青杞 *Solanum septemlobum*

苦蘵 *Physalis angulata*

小酸浆 *Physalis minima*

伞形科

北柴胡 *Bupleurum chinense*

野胡萝卜 *Daucus carota*

华北前胡 *Peucedanum harry-smithii*

窃衣 *Torilis scabra*

小窃衣 *Torilis japonica*

水芹 *Oenanthe javanica*

条叶岩风 *Libanotis lancifolia*

桑科

大麻 *Cannabis sativa*

莎草科

具刚毛荸荠 *Heleocharis valleculosa* f. *setosa*

红鳞扁莎 *Pycreus sanguinolentus*

球穗扁莎 *Pycreus flavidus*

双穗飘拂草 *Fimbristylis subbispicata*

扁秆荆三棱 *Schoenoplectus planiculmis*

荆三棱 *Bolboschoenus yagara*

褐穗莎草 *Cyperus fuscus*

水莎草 Cyperus serotinus

头状穗莎草 *Cyperus glomeratus*

香附子 *Cyperus rotundus*

三棱水葱 *Schoenoplectus triqueter*

水葱 *Schoenoplectus tabernaemontani*

矮丛薹草 *Carex callitrichos* var. *nana*

白颖薹草 *Carex duriuscula* subsp. *rigescens*

大披针薹草 *Carex lanceolata*

青绿薹草 *Carex breviculmis*

异鳞薹草 *Carex heterolepis*

翼果薹草 *Carex neurocarpa*

皱果薹草 *Carex dispalata*

商陆科

商陆 *Phytolacca acinosa*

十字花科

播娘蒿 *Descurainia sophia*

蔊菜 *Rorippa indica*

沼生蔊菜 *Rorippa islandica*

荠 *Capsella bursa-pastoris*

离子芥 *Chorispora tenella*

弯曲碎米荠 *Cardamine flexuosa*

小花糖芥 *Erysimum cheiranthoides*

菥蓂 *Thlaspi arvense*

石竹科

鹅肠菜 *Myosoton aquaticum*

繁缕 *Stellaria media*

蔓孩儿参 *Pseudostellaria davidii*

球序卷耳 *Cerastium glomeratum*

麦蓝菜 *Vaccaria hispanica*

无心菜 *Arenaria serpyllifolia*

鹤草 *Silene fortunei*

麦瓶草 *Silene conoidea*

石生蝇子草 *Silene tatarinowii*

薯蓣科

穿龙薯蓣 *Dioscorea nipponica*

薯蓣 *Dioscorea polystachya*

水鳖科

黑藻 *Hydrilla verticillata*

檀香科

华北百蕊草 *Thesium cathaicum*

天南星科

独角莲 *Typhonium giganteum*

苋科

牛膝 *Achyranthes bidentata*

北美苋 *Amaranthus blitoides*

刺苋 *Amaranthus spinosus*

反枝苋 *Amaranthus retroflexus*

皱果苋 *Amaranthus viridis*

香蒲科

无苞香蒲 *Typha laxmannii*

长苞香蒲 *Typha angustata*

小檗科

淫羊藿 *Epimedium brevicornu*

小二仙草科

穗状狐尾藻 *Myriophyllum spicatum*

玄参科

埃氏马先蒿 *Pedicularis artselaeri*

阿拉伯婆婆纳 *Veronica persica*

水苦荬 *Veronica undulata*

蚊母草 *Veronica peregrina*

山罗花 *Melampyrum roseum*

阴行草 *Siphonostegia chinensis*

旋花科

打碗花 *Calystegia hederacea*

藤长苗 *Calystegia pellita*

三裂叶薯 *Ipomoea triloba*

牵牛 *Ipomoea nil*

圆叶牵牛 *Ipomoea purpurea*

啤酒花菟丝子 *Cuscuta lupuliformis*

田旋花 *Convolvulus arvensis*

北鱼黄草 *Merremia sibirica*

荨麻科

艾麻 *Laportea cuspidata*

小赤麻 *Boehmeria spicata*

悬铃叶苎麻 *Boehmeria tricuspis*

鸭跖草科

鸭跖草 *Commelina communis*

眼子菜科

篦齿眼子菜 *Potamogeton pectinatus*

眼子菜 *Potamogeton distinctus*

菹草 *Potamogeton crispus*

罂粟科

白屈菜 *Chelidonium majus*

小果博落回 *Macleaya microcarpa*

角茴香 *Hypecoum erectum*

秃疮花 *Dicranostigma leptopodum*

地丁草 *Corydalis bungeana*

黄堇 *Corydalis pallida*

紫堇 *Corydalis edulis*

雨久花科

凤眼蓝 *Eichhornia crassipes*

梭鱼草 *Pontederia cordata*

雨久花 *Monochoria korsakowii*

鸢尾科

野鸢尾 *Iris dichotoma*

紫苞鸢尾 *Iris ruthenica*

远志科

西伯利亚远志 *Polygala sibirica*

远志 *Polygala tenuifolia*

泽泻科

野慈姑 *Sagittaria trifolia*

东方泽泻 *Alisma orientale*

紫草科

多苞斑种草 *Bothriospermum secundum*

长柱斑种草 *Bothriospermum longistylum*

盾果草 *Thyrocarpus sampsonii*

附地菜 *Trigonotis peduncularis*

狼紫草 *Anchusa ovata*

田紫草 *Lithospermum arvense*